超声振动辅助磨削加工机理及理论研究

张洪丽　著

中国水利水电出版社
www.waterpub.com.cn

·北京·

内 容 提 要

　　本书是在传统机械加工的基础上，针对硬脆性难加工材料的特点及传统加工过程中难以解决的一系列难题，提出超声振动辅助磨削加工技术，并对此展开理论研究、试验验证及实践应用推广。本书共分为六章，主要内容包括：超声振动辅助磨削加工装置、超声振动辅助磨削运动学分析、超声振动辅助磨削加工磨削力研究、超声振动辅助磨削材料去除机理研究和超声振动辅助磨削加工表面质量研究。本书理论结合试验，全面、系统地讲述了超声振动辅助磨削加工技术的理论推导与试验验证；强调理论知识的逻辑性、实用性和完整性，突出加工技术的加工机理及理论研究。

　　本书可作为广大工程技术人员及高校学生的参考书。

图书在版编目（CIP）数据

　　超声振动辅助磨削加工机理及理论研究 / 张洪丽著
. -- 北京 : 中国水利水电出版社，2018.10（2022.9重印）
　ISBN 978-7-5170-6960-7

　　Ⅰ．①超… Ⅱ．①张… Ⅲ．①超声波振动－应用－磨削－金属加工－研究 Ⅳ．①TG58

　　中国版本图书馆CIP数据核字(2018)第232408号

策划编辑：杜 威　责任编辑：张玉玲　加工编辑：王开云　封面设计：李 佳

书　　名	超声振动辅助磨削加工机理及理论研究 CHAOSHENG ZHENDONG FUZHU MOXUE JIAGONG JILI JI LILUN YANJIU
作　　者	张洪丽 著
出版发行	中国水利水电出版社 （北京市海淀区玉渊潭南路 1 号 D 座　100038） 网址：www.waterpub.com.cn E-mail: mchannel@263.net（万水） 　　　　sales@mwr.gov.cn 电话：(010)68545888（营销中心）、82562819（万水）
经　　售	全国各地新华书店和相关出版物销售网点
排　　版	北京万水电子信息有限公司
印　　刷	天津光之彩印刷有限公司
规　　格	170mm×240mm　16 开本　11.5 印张　209 千字
版　　次	2018年10月第1版　2022年9月第2次印刷
印　　数	2001-3001册
定　　价	46.00 元

前　　言

随着科学技术的快速发展，航空航天、军工、船舶等行业对产品的制造精度和质量提出越来越高的要求；随着新型高性能材料以及复杂结构零部件的广泛应用，传统机械加工技术面临巨大的挑战。为了满足生产加工的需求，超声辅助加工技术作为一种复合加工技术，在难加工材料、异形结构、精密加工等高精尖应用领域的应用越来越广泛，对该技术进行系统的研究也变得越来越重要。在我国曾有相关的书籍，但研究内容比较分散且各有侧重点、缺乏系统性。因此，作者编著了一本内容新颖并具有理论意义的超声振动辅助磨削加工方面的参考书。

本书共分为六章，主要内容包括：超声振动辅助磨削加工装置、超声振动辅助磨削运动学分析、超声振动辅助磨削加工磨削力研究、超声振动辅助磨削材料去除机理研究和超声振动辅助磨削加工表面质量研究。

本书套言不陈，勇于创新，力求内容精湛、新颖、切合实用，其内容多为作者近年来发表的一些研究成果，并吸收了国内外同行的研究成果，重点阐述了超声振动辅助磨削加工机理及理论。在本书的研究和形成过程中，得到了张建华老师的悉心指导、家人的大力支持和单位同事的帮助，衷心感谢敬爱的、亲爱的您给予我陈述个人观点和见解的勇气。

由于作者水平和能力有限，加之时间仓促，书中难免有疏漏之处，殷切希望专家和广大读者批评指正。

作　者
2018 年 5 月

符号说明

v_w —— 工件速度

v_s —— 砂轮线速度

d_s —— 砂轮直径

A —— 超声振动振幅

f —— 超声振动频率

ω —— 超声振动角频率

T —— 超声振动周期

ϕ_0 —— 砂轮超声振动的初相位

v_{vmax} —— 最大振动速度

K —— 速度系数

t_1 —— 切向超声振动辅助磨削时，工件开始远离砂轮时刻

t_1' —— 切向超声振动辅助磨削时，工件速度与砂轮振动速度相同时刻

t_2 —— 切向超声振动辅助磨削时，工件开始接触砂轮时刻

x_m —— 净磨削时间内砂轮相对工件水平移动距离

x_0 —— 分离时间内砂轮远离工件的最大距离

Δt —— 单颗磨粒切入切出磨削区所用时间

a_p —— 磨削深度

l_{gtT} —— 切向超声振动辅助磨削单颗磨粒在一个振动周期内的运动路径长度

l_{gtz} —— 切向超声振动辅助磨削单颗磨粒在磨削区内的运动路径长度

l_{gtm} —— 切向超声振动辅助磨削单颗磨粒净磨削切削路径长度

l —— 普通磨削单颗磨粒在磨削区内的切削路径长度

φ_0 —— 单颗磨粒进入磨削区的振动相位

a —— 砂轮表面连续切削刃间距

δ —— 磨粒半顶锥角

v_l —— 分离型切向超声振动辅助磨削理论临界切削速度

v_c —— 分离型切向超声振动辅助磨削实际临界切削速度

t_1' —— 单颗磨粒与工件分离时刻

t'_m —— 单颗磨粒的净磨削时间

t'_0 —— 单颗磨粒与工件分离时间

F_t —— 切向磨削力

F_n —— 法向磨削力

F_a —— 轴向磨削力

l_{ga} —— 轴向超声振动辅助磨削单颗磨粒在磨削区的运动路径长度

A_m —— 超声振动辅助磨削单颗磨粒平均切屑断面面积

N_{ds} —— 动态磨粒分布密度

N_d —— 磨削区内有效磨粒数

A'_m —— 普通磨削单颗磨粒的平均切屑断面积

v_a —— 内圆轴向超声振动辅助磨削的临界速度

l_{gn} —— 法向超声振动辅助磨削单颗磨粒在磨削区的运动路径长度

F_{tc} —— 切削变形引起的切向力

F_{nc} —— 切削变形引起的径向力

F_{ts} —— 滑擦引起的切向力

F_{ns} —— 滑擦引起的径向力

F_{gtc} —— 单颗磨粒上切削变形引起的切向力

F_{gnc} —— 单颗磨粒上切削变形引起的径向力

F_{gts} —— 单颗磨粒上滑擦引起的切向力

F_{gns} —— 单颗磨粒上滑擦引起的径向力

F_u —— 普通磨削单位磨削力

F_{tu} —— 切向超声振动辅助磨削单位磨削力

F_{nu} —— 法向超声振动辅助磨削单位磨削力

μ —— 摩擦系数

ρ_{st} —— 单颗磨粒在 t 时刻与工件接触母线长度

a_{gt} —— 单颗磨粒在 t 时刻的切削深度

$a_{g\max}$ —— 单颗磨粒在磨削区的最大切削深度

$\overline{a}_g$ —— 普通磨削单颗磨粒的平均切削深度

a_{ga} —— 轴向超声振动辅助磨削单颗磨粒的切削深度

$\overline{F}_{gt}$ —— 普通磨削单颗磨粒的切向平均磨削力

$\overline{F}_{gn}$ —— 普通磨削单颗磨粒的法向平均磨削力

a_{tgt} —— 切向超声振动辅助磨削单颗磨粒在 t 时刻的切削深度

$\bar{a}_{tg}$ —— 切向超声振动辅助磨削单颗磨粒的平均切削深度

$\bar{F}_{tgt}$ —— 切向超声振动辅助磨削单颗磨粒的切向平均磨削力

$\bar{F}_{tgn}$ —— 切向超声振动辅助磨削单颗磨粒的法向平均磨削力

η —— 总磨削力降低率

a_{ngt} —— 法向超声振动辅助磨削单颗磨粒在 t 时刻的切削深度

$\bar{F}_{ngt}$ —— 法向超声振动辅助磨削单颗磨粒的切向平均磨削力

$\bar{F}_{ngn}$ —— 法向超声振动辅助磨削单颗磨粒的法向平均磨削力

C_{ge} —— 磨削能力参数，$C_{ge} = A_m / F_{gn}$

c —— 压痕特征尺寸

a_{gc} —— 塑性磨削单颗磨粒临界切削深度

R_{ap} —— 普通磨削沿磨削方向的加工表面粗糙度

R_{av} —— 普通磨削垂直磨削方向的加工表面粗糙度

R_a —— 普通磨削加工表面粗糙度

R_{tap} —— 切向超声振动辅助磨削沿磨削方向的加工表面粗糙度

R_{tav} —— 切向超声振动辅助磨削垂直磨削方向的加工表面粗糙度

R_{ta} —— 切向超声振动辅助磨削加工表面粗糙度

R_{aa} —— 轴向超声振动辅助磨削加工表面粗糙度

R_{nap} —— 法向超声振动辅助磨削沿磨削方向的加工表面粗糙度

R_{nav} —— 法向超声振动辅助磨削垂直磨削方向的加工表面粗糙度

R_{na} —— 法向超声振动辅助磨削加工表面粗糙度

目　　录

前言

符号说明

第1章　绪论 1

　1.1　超声波加工的发展与应用 1

　　　1.1.1　超声波加工的原理 2

　　　1.1.2　超声波加工的特点 3

　　　1.1.3　超声波加工的应用 4

　1.2　旋转超声波加工及其特点 4

　1.3　磨削加工的发展与研究 5

　　　1.3.1　磨削加工的类型 5

　　　1.3.2　磨削加工的发展历程 8

　　　1.3.3　磨削加工材料去除的研究 8

　　　1.3.4　磨削加工的特点 9

　1.4　硬脆性材料精密加工技术的研究现状 10

　　　1.4.1　硬脆性材料加工理论的研究现状 10

　　　1.4.2　硬脆性材料去除机理 12

　　　1.4.3　硬脆性材料的精密加工方法 14

　1.5　超声振动辅助加工技术的发展及应用 16

　1.6　超声振动辅助磨削技术发展 17

第2章　超声振动辅助磨削加工装置 23

　2.1　超声振动辅助磨削加工试验装备整体设计 23

　2.2　超声振动系统设计 24

　2.3　超声波频率的选择 25

　2.4　超声波电源的选用 27

　2.5　换能器的选用 27

　2.6　变幅杆的选用及设计计算 28

　2.7　变幅杆设计理论 29

　　　2.7.1　变幅杆设计概述 29

　　　2.7.2　变截面纵振动的波动方程 30

　2.8　指数形变幅杆的理论计算 31

　　　2.8.1　指数形变幅杆频率方程和谐振长度 32

2.8.2 指数形变幅杆的位移节点 x_0 33

2.8.3 指数形变幅杆的放大系数 M_p 33

2.8.4 指数形变幅杆的设计计算 34

2.9 圆锥形变幅杆的理论计算 34

2.9.1 圆锥形变幅杆的频率方程和谐振长度 35

2.9.2 圆锥形变幅杆的位移节点 x_0 35

2.9.3 圆锥形变幅杆的放大系数 M_p 36

2.9.4 圆锥形变幅杆的计算 36

2.10 阶梯形变幅杆的理论计算 36

2.10.1 阶梯形变幅杆的位移节点 x_0 37

2.10.2 阶梯形变幅杆的放大系数 M_p 38

2.10.3 阶梯形变幅杆的计算 38

第3章 超声振动辅助磨削运动学分析 39

3.1 超声振动辅助磨削加工的类型 39

3.2 切向超声振动辅助磨削 40

3.2.1 砂轮—工件运动分析 40

3.2.2 单颗磨粒—工件运动分析 43

3.3 轴向超声振动辅助磨削 57

3.3.1 单颗磨粒切削过程与几何参数分析计算 57

3.3.2 轴向超声振动辅助磨削临界速度 59

3.4 径向超声振动辅助磨削 61

3.4.1 砂轮—工件运动分析 61

3.4.2 单颗磨粒—工件运动分析 61

3.5 小结 65

第4章 超声振动辅助磨削加工磨削力研究 67

4.1 磨削力数学模型 72

4.1.1 切削变形力 72

4.1.2 摩擦力 87

4.2 磨削力的试验研究 92

4.2.1 试验方案 92

4.2.2 试验结果及分析 93

4.3 小结 99

第5章 超声振动辅助磨削材料去除机理研究 101

5.1 超声振动辅助磨削材料去除机理试验研究 102

5.1.1 试验装置与方法 102

　　　5.1.2　试验结果分析 104

　5.2　超声振动辅助磨削脆性材料的脆-塑性转变临界条件 110

　　　5.2.1　脆-塑性转变临界条件理论分析 111

　　　5.2.2　不同超声振动方式对脆-塑性转变临界条件的影响 113

　5.3　小结 113

第6章　超声振动辅助磨削加工表面质量研究 115

　6.1　加工表面粗糙度理论分析 116

　　　6.1.1　普通磨削 116

　　　6.1.2　切向超声振动辅助磨削 121

　　　6.1.3　轴向超声振动辅助磨削 124

　　　6.1.4　径向超声振动辅助磨削 127

　6.2　加工表面粗糙度的试验研究 133

　　　6.2.1　试验方案 133

　　　6.2.2　试验结果 134

　6.3　讨论 138

　6.4　加工亚表面分析 139

　6.5　加工表面显微硬度变化 140

　6.6　小结 141

结论 143

附录　有代表性的英文文章 146

　　Study on Ultrasonic Vibration Assisted Grinding in Theory 146

　　Kinematics Analysis of Ultrasonic Vibration Assisted Grinding 154

参考文献 161

第1章 绪论

1.1 超声波加工的发展与应用

1927年，美国物理学家R Wood和A.ELoomis最早作了超声加工试验，利用强烈的超声振动对玻璃板进行雕刻和快速钻孔，但当时并未应用在工业上；1951年，美国的科恩制成第一台实用的超声加工机。20世纪50年代中期，日本、苏联将超声加工与电加工（如电火花加工和电解加工等）、切削加工结合来，开辟了复合加工的领域。这种复合加工的方法能改善电加工或金属切削加工的条件，提高加工效率和质量。1964年，英国又提出使用烧结或电镀金刚石工具的超声旋转加工的方法，克服了一般超声加工深孔时，加工速度低和精度差的缺点。

20世纪70年代之前，超声波加工工具主要是与磁致伸缩换能器配套使用，从1970年开始，随着压电材料用于超声波换能器，超声波加工技术有了很大进展。压电换能器使振动振幅能精确控制，电声转换效率高达96%，对于硬脆材料的精加工，如钻孔，超声波加工工具可以加工0.0125mm的小孔。自80年代以后，新的合成材料和陶瓷材料进展很快，促进了超声波加工技术的发展。当电火花（Electron Discharge Machining，EDM）出现后，它代替了超声波加工硬的钢铁，效率更高，被应用到许多场合中。80年代中期，随着电火花线切割的成功进展，减少了超声波加工硬质合金的市场，超声波加工的主要应用转变为切割玻璃、石英、陶瓷和硅板等低导电性的硬脆材料，这些材料一般不能用EDM加工。后来，力传感器和计算机数控伺服机构被应用于加工工具，使超声波加工中的加工压力变得稳定可控。

我国超声波的研究始于20世纪50年代末，曾经掀起过一阵群众性的"超声热"，由于当时超声波发生器、换能器、声振系统很不成熟，缺乏合理的组织和持续的研究工作,很快就冷了下来。60 年代末,哈尔滨工业大学应用超声车削,加工了一批飞机上的铝制细长轴,取得了良好的切削效果。1976 年以后,我国再次开展超声试验研究和理论探讨工作。到 1993 年为止,我国已发表了 300 多篇有关超声加工方面的科学研究论文。可以相信,随着超声加工设备的不断完善和理论研究的不断深入,它必将在我国技术进步和社会主义现代化建设中起到重要作用。

超声波加工是近几十年来逐步发展和应用的一种新型加工方法,不仅能加工硬质合金、淬火钢等硬脆金属材料,而且更适合于半导体和不导电的非金属硬脆性材料(如半导体硅片、锗片以及陶瓷、玻璃等)的精密加工和成型加工[1-4]。在难加工材料的精密加工中,超声波加工具有普通加工方法无法比拟的工艺效果,具有广泛的应用范围。

1.1.1 超声波加工的原理

超声波加工是利用工具端面作超声振动,通过磨料悬浮液加工脆性材料的一种成型加工方法,加工原理如图 1-1 所示[1]。加工过程中,通过高频振动,工具端面把能量传递到磨料悬浮液,使磨粒不断冲击工件,实现材料的去除。

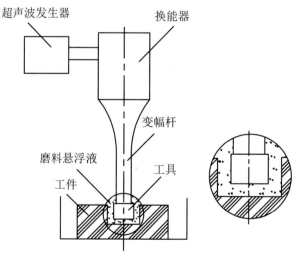

图 1-1　超声波加工原理图

超声波发生器产生 16～25kHz 的高频电信号,经换能器转换为机械振动,此机械振动的振幅很小，不能直接用于加工，需要通过变幅杆（又称为聚能器）将其放大到约 0.01～0.1mm，再传给工具。工具一般通过焊接或细牙螺纹连接在变幅杆的下端，在工具端面和工件之间充满液体（水或煤油等）与磨料（碳化硅或碳化硼等）混合的磨料悬浮液。工具以一定的压力作用在工件上，工作液中悬浮的磨料颗粒在工具端面的超声振动作用下，以很高的速度和加速度不断冲击抛磨工件表面。磨料打击工件表面的加速度可达重力加速度的几千甚至几万倍，因而，在被加工表面上产生很大的局部单位面积压力，使工件微细局部材料发生变形；当产生的压力达到其强度极限时，材料将发生微细局部破坏，被粉碎成特别细小的微粒，并被循环的磨料悬浮液带走。

与此同时，磨料悬浮工作液受工具端面的超声振动作用而产生液压冲击和空化作用。空化作用是指当工具端面以很大的加速度离开工件表面时，加工间隙内形成负压和局部真空，在工作液体内形成很多微空腔，促使工作液渗入被加工工件表面材料的微裂纹处。当工具端面以很大的加速度接近工件表面时，空腔闭合，引起极强的液压冲击波，加速磨料对工件表面的微细破碎作用。随着磨料悬浮液不断的循环，磨粒的不断更新，加工下来的微细碎屑不断被排除。综上所述，在游离磨料的冲击、抛磨和磨料悬浮液空化腐蚀的综合作用下，最终在工件上加工出与工具几何形状相对应的型腔[5]。

1.1.2 超声波加工的特点

超声波加工具有以下特点[1,5]：

（1）适用于加工各种硬脆材料，尤其是玻璃、陶瓷、石墨等不导电的非金属材料，也可以加工淬火钢、硬质合金等硬质或耐热导电的金属材料。被加工材料的脆性越大越容易加工，材料的硬度、强度、韧性越大则越难加工。

（2）适合于加工形状复杂的型腔及型面。由于工件材料的去除主要靠磨料的冲击作用，磨料的硬度应比被加工材料的硬度高，而工具的硬度可以低于工件材料，而且不需要工具与工件作复杂的相对运动，因此，超声波加工可以加工出各种复杂的型腔和型面。

（3）工件在加工过程中受力小，加工精度高。由于加工过程中材料去除主要依靠磨粒瞬时局部的冲击作用，故工件表面的宏观切削力很小，切削应力、切削热更小，不会产生变形及烧伤，表面粗糙度也较低，R_a 可达 0.63～0.08μm，尺寸精度可达 0.03mm，适于加工薄壁、窄缝、低刚度等零件。

（4）超声波加工可以与其他传统或特种加工结合应用，如超声振动切削、超声振动磨削、超声电火花复合加工和超声电解复合加工等，充分发挥其优点。

（5）与电解加工、电火花加工等相比，超声波加工的效率较低。随着加工深度的增加，材料去除率下降，并且加工过程中工具的磨损较大。

1.1.3　超声波加工的应用

工业上，超声波应用可以分为加工和非加工两大类。加工方面的应用主要包括传统的超声波加工（Ultrasonic Machining，USM）、金刚石工具的旋转超声波加工（Rotary Ultrasonic Machining，RUM）、各种超声波复合加工等[6,7]。非加工应用包括：清洗、塑料焊接、金属焊接、超声分散、化学处理、塑料金属成型和无损检测等[1,8-9]。表 1-1 列出了超声波在工业上的主要应用范围。

表 1-1　超声波的一些工业应用

分类	原理及应用
超声材料去除加工	USM，RUM，超声辅助电火花、激光加工，超声辅助钻削、车削、磨削、珩磨、铰孔、除毛刺、切槽、雕刻等
超声表面光整加工	超声抛光、超声珩磨、超声砂带抛光、超声压光、超声珩齿
超声复合加工	超声电火花复合加工，超声电解复合加工
其他应用	超声焊接、超声清洗、超声电镀、超声处理

1.2　旋转超声波加工及其特点

旋转超声波加工（RUM）是在传统超声波加工的基础上发展起来的，它与传统超声波加工，不同之处在于：工具在作超声振动的同时附加了旋转运动；工具由金属粉末和人造金刚石或立方氮化硼磨料按一定比例烧结而成；将冷却水而不是磨料悬浮液输入到工具和工件表面之间。这种加工方法把金刚石工具的优良切削性能和工具的超声频振动结合在一起，与传统超声波加工相比，具有以下优点：

（1）加工速度快。

（2）加工精度高。

（3）工具磨损小。

（4）对加工材料的适应性广。

1.3　磨削加工的发展与研究

磨削加工是一种历史悠久、应用广泛的精密加工方法，是用硬磨料颗粒作为切削工具进行加工的加工过程总称，包括游离磨料磨削和固结磨粒磨削[10]。这里主要介绍固结磨粒磨削。固结磨粒磨削加工一般是利用高速旋转的砂轮等磨具加工工件表面，用于加工各种工件的内外圆柱面、圆锥面和平面，以及螺纹、齿轮和花键等特殊、复杂的成型表面。磨削由于磨粒的硬度很高，磨具具有自锐性，磨削可以用于加工各种材料，包括淬硬钢、高强度合金钢、硬质合金、玻璃、陶瓷和大理石等高硬度金属和非金属材料。磨削速度是指砂轮线速度，一般为30～35m/s，超过45m/s 时称为高速磨削。磨削通常用于半精加工和精加工，精度可达 IT8～5 甚至更高，表面粗糙度一般磨削为 $R_a1.25$～$0.16\mu m$，精密磨削为 $R_a0.16$～$0.04\mu m$，超精密磨削为 $R_a0.04$～$0.01\mu m$，镜面磨削可达 $R_a0.01\mu m$ 以下。磨削的比功率（或称比能耗，即切除单位体积工件材料所消耗的能量）比一般切削大，金属切除率比一般切削小，故在磨削之前工件通常都先经过其他切削方法去除大部分加工余量，仅留 0.1～1mm 或更小的磨削余量。随着缓进给磨削、高速磨削等高效率磨削的发展，已能从毛坯直接把零件磨削成型。也有用磨削作为荒加工的，如磨除铸件的浇冒口、锻件的飞边和钢锭的外皮等。

1.3.1　磨削加工的类型

外圆磨削：主要在外圆磨床上进行，用以磨削轴类工件的外圆柱、外圆锥和轴肩端面。磨削时，工件低速旋转，如果工件同时作纵向往复移动并在纵向移动的每次单行程或双行程后砂轮相对工件作横向进给，称为纵向磨削法，如图 1-2 所示。如果砂轮宽度大于被磨削表面的长度，则工件在磨削过程中不作纵向移动，而是砂轮相对工件连续进行横向进给，称为切入磨削法。一般切入磨削法效率高于纵向磨削法。如果将砂轮修整成成型面，切入磨削法可加工成型的外表面。

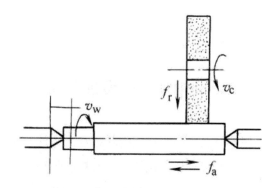

图 1-2　纵向磨削

v_w－工件圆周速度；v_c－砂轮圆周速度；f_r－纵向进给量；f_a－横向进给量

内圆磨削：主要用于在内圆磨床、万能外圆磨床和坐标磨床上磨削工件的圆柱孔（图 1-3）、圆锥孔和孔端面。一般采用纵向磨削法。磨削成型内表面时，可采用切入磨削法。在坐标磨床上磨削内孔时，工件固定在工作台上，砂轮除作高速旋转外，还绕所磨孔的中心线作行星运动。内圆磨削时，由于砂轮直径小，磨削速度常常低于 30m/s。

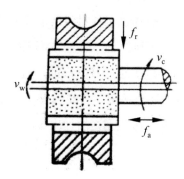

图 1-3　内圆磨削

平面磨削：主要用于在平面磨床上磨削平面、沟槽等。平面磨削有两种：用砂轮外圆表面磨削的称为周边磨削，如图 1-4 所示。一般使用卧轴平面磨床，如用成型砂轮也可加工各种成型面；用砂轮端面磨削的称为端面磨削，一般使用立轴平面磨床。

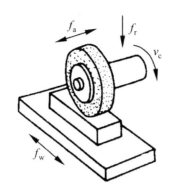

图 1-4 平面磨削（周边磨削）

　　无心磨削：一般在无心磨床上进行，用以磨削工件外圆。磨削时，工件不用顶尖定心和支承，而是放在砂轮与导轮之间，由其下方的托板支承，并由导轮带动旋转。当导轮轴线与砂轮轴线调整成斜交 1°～6°时，工件能边旋转边自动沿轴向作纵向进给运动，这称为贯穿磨削，如图 1-5 所示。贯穿磨削只能用于磨削外圆柱面。采用切入式无心磨削时，须把导轮轴线与砂轮轴线调整成互相平行，使工件支承在托板上不作轴向移动，砂轮相对导轮连续作横向进给。切入式无心磨削可加工成型面。无心磨削也可用于内圆磨削，加工时工件外圆支承在滚轮或支承块上定心，并用偏心电磁吸力环带动工件旋转，砂轮伸入孔内进行磨削，此时外圆作为定位基准，可保证内圆与外圆同心。无心内圆磨削常用于在轴承环专用磨床上磨削轴承环内沟道。

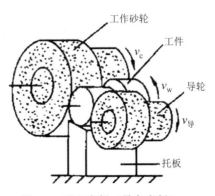

图 1-5 无心磨削（贯穿磨削）

1.3.2　磨削加工的发展历程

18 世纪 30 年代，为了适应钟表、自行车、缝纫机和枪械等零件淬硬后的加工，英国、德国和美国分别研制出使用天然磨料砂轮的磨床。这些磨床是在当时现成的机床如车床、刨床等上面加装磨头改制而成的，它们结构简单，刚度低，磨削时易产生振动，要求操作工人要有很高的技艺才能磨出精密的工件。

1876 年，在巴黎博览会展出的美国布朗-夏普公司制造的万能外圆磨床，是首次具有现代磨床基本特征的机械。它的工件头架和尾座安装在往复移动的工作台上，箱形床身提高了机床刚度，并带有内圆磨削附件。1883 年，这家公司制成磨头装在立柱上、工作台作往复移动的平面磨床。

1900 年前后，人造磨料的发展和液压传动的应用，对磨床的发展有很大的推动作用。随着近代工业特别是汽车工业的发展，各种不同类型的磨床相继问世。例如 20 世纪初，先后研制出加工气缸体的行星内圆磨床、曲轴磨床、凸轮轴磨床和带电磁吸盘的活塞环磨床等。

自动测量装置于 1908 年开始应用到磨床上。到了 1920 年前后，无心磨床、双端面磨床、轧辊磨床、导轨磨床，珩磨机和超精加工机床等相继制成使用；50 年代又出现了可作镜面磨削的高精度外圆磨床；60 年代末又出现了砂轮线速度达 60～80m/s 的高速磨床和大切深、缓进给磨削平面磨床；70 年代，采用微处理机的数字控制和适应控制等技术在磨床上得到了广泛的应用。

1.3.3　磨削加工材料去除的研究

砂轮表面磨粒尺寸、形状和分布的随机性及磨削运动规律的复杂性给磨削机理的研究带来了很大的困难。在陶瓷磨削方面，由于陶瓷的高硬度和高脆性，大多数研究都使用了"压痕断裂力学"模型或"切削加工"模型来近似处理[11]。20 世纪 80 年代初，Frank 和 Lawn 首先建立了钝压痕器、尖锐压痕器和接触滑动三种机理分析研究模型，提出了应力强度因子公式，导出了塑性变形模式下的临界载荷，又根据材料的屈服条件研究指出：陶瓷材料的去除机理通常为裂纹扩展和脆性断裂，而当材料硬度降低、压痕半径小、摩擦剧烈并且载荷小时，就会出现塑性变形。1987 年，I. Inasaki[12]根据材料的屈服条件进一步提出，陶瓷材料以何种方式去除依赖于材料上缺陷的大小和密度，诸如裂纹、裂缝和应力场的大小。海野邦昭[13]在其专著中提出，材料的去除机理受到高温强度的影响。同时，美国麻省理工学院 S. Malkin[14]对陶瓷磨削机理进行了综合分析，认为深入研究磨削机理是陶瓷材料实现低成本高效率磨削的基础，具体的研究方法概括为压痕断裂力学法和加工观察法。压痕断裂力学模型是建立在理想化的裂纹系统和由压头所产生变形的基础上，将磨粒和工件间的相互作用用理想小范围内的压痕表示，分析应力、变形及材料去除的关系。加工观察法包括磨削力的测定，加工表面形貌与切屑的显微观察。1990 年，东北大学蔡光起[15]教授对含钼金属陶瓷进行磨削实验，通过测定单位磨削力、磨削能和磨削比，以及使用 SEM 对陶瓷表面和切削区域进行观察，探索了金属陶瓷材料的去除机理。1999 年，德国凯泽斯劳滕工业大学（Kaiserslautern）的 G. Warnecke[16]指出，在磨削新型陶瓷和硬金属等硬脆材料时，磨削过程及结果与材料去除机理紧密相关。材料去除机理是由材料特性、磨料几何形状、磨料切入运动以及作用在工件和磨粒上的机械及热载荷等因素的交互作用决定的。此外，平面磨削过程还受到接触区动态特性的影响。

1.3.4 磨削加工的特点

磨削是一种常用的半精加工和精加工方法，砂轮是磨削的切削工具，磨削的基本特点如下[10,17-19]：

（1）除了可以加工铸铁、碳钢、合金钢等一般结构材料外，磨削还能加工一般刀具难以切削的高硬度材料，如淬火钢、硬质合金、陶瓷和玻璃等。但是不适宜精加工塑性较大的有色金属工件。

（2）磨削加工精度高，表面粗糙度小，精度可达 IT5～IT6，表面粗糙度小至 R_a1.25~0.01μm，镜面磨削时可达 R_a0.04～0.01μm。

（3）砂轮有自锐作用。在磨削过程中，磨粒破碎产生较锋利的新棱角，磨粒脱落露出一层新的锋利磨粒，能够部分地恢复砂轮的切削能力，这种现象叫做砂轮的自锐作用，也是其他切削刀具所没有的。

（4）磨削加工的工艺范围广，不仅可以加工外圆面、内圆面、平面、成型面、螺纹、齿形等各种表面，还常用于各种刀具的刃磨。

（5）磨削的径向磨削力大，而且作用在工艺系统刚性较差的方向上。因此，在加工刚性较差的工件时（如磨削细长轴），应采取相应的措施，防止因工件变形而影响加工精度。

（6）磨削温度高。如前所述，磨削产生的切削热多，而且80%～90%传入工件（10%～15%传入砂轮，1%～10%由磨屑带走），加上砂轮的导热性很差，易造成工件表面烧伤和微裂纹。因此，磨削加工过程中的砂轮堵塞和加工表面烧伤是亟待解决的两个问题。

1.4　硬脆性材料精密加工技术的研究现状

1.4.1　硬脆性材料加工理论的研究现状

硬脆材料加工机理与金属材料加工机理有着显著的区别，硬脆材料的硬度高、脆性大，其物理机械性能，尤其是韧性和强度与金属材料相比有很大差异，一般硬脆材料用断裂韧性和断裂强度表征材料属性[20,21]。在硬脆材料常规加工中，材料以断裂方式去除为主，其加工机理的研究工作都是建立在断裂力学基础上；在硬脆材料的超精密加工中，材料以塑性方式去除为主，材料的去除机理将从微观角度来分析研究。目前的研究状况基本可分为以下两个方面[22-24]。

1.4.1.1　有限元断裂力学法

最早研究脆性断裂中裂纹不稳定传播的是 Griffith，于 1920 年提出裂纹和材料强度的关系[25]。现在的线性断裂力学本质上和他的理论是一致的。在硬脆材料的去除过程中，裂纹扩展的方向和大小决定加工表面质量，为此，运用线性断裂力学理论分析硬脆材料加工过程中的脆性破坏机理，即根据被加工材料的特性参数和切削条件，建立载荷作用下产生初始裂纹的材料去除模型，然后，利用有限元方法分析随着刀具作用力的作用而产生的加工应力，求出能判别材料裂纹扩展的能量释放率 G 和应力强度因子 K，当 G 和 K 超过被加工材料的临界能量释放率 G_c 和临界断裂韧性 K_c 时[26]，即

$$G \geqslant G_{\mathrm{c}} ; \quad K \geqslant K_{\mathrm{c}} \tag{1-1}$$

则刀具尖端处裂纹开始扩展，材料将以裂纹扩展方式去除或残留裂纹方式去除。反之，若不满足式（1-1）的条件，则进行屈服判定，即

$$\bar{\sigma} \geqslant \sigma_{\mathrm{y}} \tag{1-2}$$

式中，$\bar{\sigma}$ 为加工应力；σ_{y} 为材料的屈服极限应力。

如此条件满足，则在材料内部形成剪切域，即以塑性方式去除材料。由此可见：硬脆性材料以何种方式去除取决于输入的初始条件，即材料的物理机械性能和加工条件。以有限元方法为基础的线性断裂力学法，既考虑到具体加工条件的影响，又适于复杂边界条件的应力分析，能较好地符合实际加工情况。

1.4.1.2　压痕断裂力学法

压痕断裂的基本模型与 Griffith-Irwin 断裂力学相结合形成压痕断裂力学法。可以用锋利的金刚石刀具对硬脆材料进行超精密切削，是以硬脆材料在尖锐压头下能够产生塑性变形为基础的。在过去几十年里，许多学者对各种硬脆材料进行了大量压痕试验，即以一定的垂直力将金刚石压头压入材料一定的深度，观察材料的变形情况。在压痕实验的加载到卸载一个完整的循环中，破坏裂纹由产生到扩展的过程如图 1-6 所示。

图 1-6（a）初始加载：接触区产生一个永久塑性变形区，没有裂纹破坏，变形区尺寸随载荷增加而增大。

图 1-6（b）临界区：载荷增加到某一数值时，在压头正下方应力集中处产生中介裂纹（media crack）。

图 1-6（c）裂纹增长区：载荷增加，中介裂纹也随之增长。

图 1-6（d）初始卸载阶段：中介裂纹开始闭合，但不愈合。

图 1-6（e）侧向裂纹产生：进一步卸载，由于接触区弹塑性应力不匹配，产生一个拉应力叠加在应力场中，产生系列向侧边扩展的横向裂纹（lateral crack）。

图 1-6（f）完全卸载：侧向裂纹继续扩展，若裂纹延伸到表面则形成破坏的碎屑。

由图 1-6 可以看出，即使是硬脆材料，在很小载荷的作用下，仍会产生一定的塑性变形。当载荷增加时，材料将由塑性变形方式向脆性破坏发生转变，在材

料内部和表面上产生脆性裂纹。

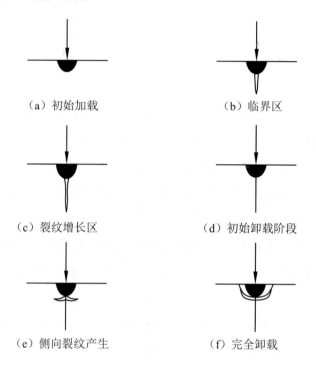

（a）初始加载　　　　　　　　（b）临界区

（c）裂纹增长区　　　　　　　（d）初始卸载阶段

（e）侧向裂纹产生　　　　　　（f）完全卸载

图 1-6　尖锐压头下材料变形过程

在硬脆材料的压痕过程中，中介裂纹总是首先产生，并垂直于材料表面向内部扩展，对材料的破坏最为严重。所以，研究人员对中介裂纹产生长度和所施加垂直载荷之间的关系进行了详细研究[27]，得到如下关系：

$$c^{3/2} = \psi \cdot \left(\frac{E}{H_V} \right)^{1/2} \cdot (\mathrm{ctg}\delta)^{2/3} \cdot \frac{P}{K_{IC}} \qquad (1\text{-}3)$$

式中，c 为裂纹长度；P 为施加的垂直载荷；ψ 为与压头几何形状有关的系数；δ 为压头的半顶锥角。

1.4.2　硬脆性材料去除机理

硬脆性材料的特性是材料的硬度高、脆性大，断裂韧性低，材料的弹性极限和强度非常接近。当材料所承受的载荷超过弹性极限时就发生断裂破坏，在已加工表面产生裂纹和凹坑，严重影响其表面质量和性能，所以脆性材料的可加工性很差。在硬脆性材料加工过程的研究中，最复杂的是材料的去除机理。研究表明，在磨削加工过程中，材料去除主要基于以下几种去除机理[28-31]。

（1）材料的脆性去除机理。通常情况下，磨削过程中，材料脆性去除是通过空隙和裂纹的成型或延展、剥落及碎裂等方式来完成的，具体方式有晶粒去除、材料剥落、脆性断裂、晶界微破碎等。在晶粒去除过程中，材料是以整个晶粒从工件表面上脱落的。1990 年，K. Subramanian[32]等指出晶粒去除的同时有材料的剥落去除，剥落去除方式是陶瓷材料磨削中十分重要的去除方式。1992 年，D. W. Richerson[33]提出在材料剥落去除机理中，材料是因磨削过程中产生的横向和径向裂纹的扩展而形成局部剥落的。该方式的主要缺点是裂纹的扩展会大大降低工件的机械强度。1995 年、1996 年，Xu，H. H. K，Jahamir. S[34,35]等人相继指出，对氧化铝、玻璃陶瓷、氮化硅、碳化硅等陶瓷材料的加工表明，在陶瓷材料的磨削过程中，晶界微破碎和材料晶粒状位错在材料去除过程中也起了关键作用。1998 年，德国 Achen 生产工程研究所 V. Sinhoff 对杯形金刚石砂轮磨削光学玻璃进行了研究，重点是研究脆性-延性转变的特性，并将材料中的应力分布、裂纹几何形状等损伤看成是磨粒几何形状，材料特性和外载荷等因素的函数，建立磨削评价模型，然后用 T. G. Bifano 能量守恒定律来描述材料的脆性去除向延性去除转变的过程[36]。2002 年，天津大学林滨[26]将宏观断裂力学及微观断裂物理相结合，根据 Stroth 的位错产生微裂纹机制，对磨削过程中微裂纹的形成采用塞积模型来描述，并从能量平衡的角度讨论微裂纹的稳定性及临界裂纹尺寸。

（2）材料的粉末化去除机理。在精密磨削过程中，当磨削深度在亚微米级时，碎裂和破碎将不会发生，主要可能产生材料粉末化去除。材料粉末化去除机理认为，磨削过程中磨粒会引起流体静态压应力，该压应力所包围的局部剪切应力场引起晶界或晶间微破碎，从而产生材料粉末化现象。陶瓷材料晶粒因粉末化去除被碎裂成更细的晶粒，并形成粉末域[31,37]。

（3）材料的塑性去除机理。材料的塑性去除方式类似于金属磨削中的切屑成型过程，其中涉及了滑擦、耕犁和切屑形成，材料是以剪切切屑成型方式去除的。塑性去除机理主要是指陶瓷磨削的延性域磨削。在一定的加工条件下，任何脆性材料均能够以塑性流动的方式被去除[38]。压痕断裂力学模型预测了产生横向裂纹的临界载荷，在低于这一临界载荷加工条件时，材料将以塑性变形去除为主[39]。目前，国内外许多专家学者对陶瓷材料实现延展性磨削和半延展性磨削技术进行研究，以减少工件表面的微裂纹、裂缝，提高工件的使用性能[40-42]。

1.4.3　硬脆性材料的精密加工方法

随着科学技术的进步和现代工业的发展，硬脆材料（如激光和红外光学晶体、陶瓷、石英玻璃、硅晶体和石材等）因其某些特有的性能而在电子、光学、仪器仪表、航空航天和民用等行业得到极为广泛的应用。但是该类材料特殊的物理机械性能使其很难甚至不能采用普通的加工方法进行加工。硬脆材料的加工主要采用研抛技术，但是研抛技术生产周期长、产品成本高。金刚石是自然界已知的硬度最高的物质，具有优异的性能，在硬脆材料加工领域具有广阔的应用前景。目前，采用金刚石工具对硬脆材料进行切割和磨削仍是有效的加工方法，如用金刚石砂轮磨削陶瓷、用金刚石切割工具切割石材等[19,26,43]。超精密磨削技术的进步使得磨削表面质量等同甚至优于研抛表面，并且加工效率得到大幅度的提高。

近年来，人们对脆性材料的加工做了大量的探索和尝试，又提出了许多新的加工方法。

1.4.3.1　在线电解修整（ELID）磨削

ELID 磨削技术是一种在加工过程中使用电解修整砂轮和常规机械磨削相结合的新的磨削方法，该方法由日本物理化学研究所大森整（Hitoshiohmori）等人于 1987 年提出[44]。其原理是利用在线的电解作用对金属基砂轮进行修整，即磨削过程中在砂轮和工具电极之间浇注电解磨削液，并加上直流脉冲电源，使作为阳极的砂轮金属结合剂产生阳极溶解效应而逐渐去除，使不受电解影响的磨料颗粒突出砂轮表面，从而实现对砂轮的修整，在加工过程中能始终保持砂轮的锋利性。

ELID 磨削技术的出现成功地解决了金属基超硬磨料砂轮修整的难题，同时，在线电解的微量修整作用使超细粒度砂轮在磨削过程中能保持锋锐性，为实现稳定的超精密磨削创造了有利条件。日本在研究中使用的砂轮磨粒直径已达 5nm，磨削表面粗糙度 R_a 小于 1nm。

ELID 磨削技术在美国、英国、德国等国家也得到了重视和研究应用，并用于对脆性材料表面进行超精密加工。在国内，哈尔滨工业大学的袁哲俊教授[45,46]从 1993 年开始 ELID 磨削技术的研究工作，目前对硬质合金、陶瓷、光学玻璃等脆性材料实现了镜面磨削，磨削表面粗糙度与在同样机床条件下普通砂轮磨削相比有大幅度的降低，部分工件的表面粗糙度 R_a 已达纳米级。其中，对硅微晶玻璃的磨削表面粗糙度可达 $R_a 0.012\mu m$。这表明 ELID 磨削技术可以实现对脆性材料表面的超精密加工，但是加工过程中仍存在砂轮表面氧化膜或砂轮表面层未电解物质被压入工件表面，形成表面层釉化；另外，电解磨削液的配比也有待于进一步的研究。

1.4.3.2 超声波加工

超声波加工是使工具或工件作超声振动，振动频率为 16～25kHz，振幅为 4～25μm。当工具和工件之间充以磨料悬浮液，并以一定的静压力（加工压力）相接触时，工具端面的振动可实现磨料对工件的冲击微破碎，从而实现对脆性材料的加工。超声波加工方法主要是对脆性材料表面进行孔类等加工[6,47]。

1.4.3.3 超精密磨削

超精密磨削技术是近年发展起来的一种对脆性材料进行加工的方法，是在高刚度超精密磨床上用金刚石砂轮对材料进行磨削加工。Evans 和 Marshall[48]通过用金刚石刻划玻璃等硬脆材料表面来模拟金刚石砂轮上微小磨粒的切削过程。当所施加载荷大于临界载荷时，磨粒作用下的脆性裂纹系统如图 1-7 所示。要实现对脆性材料的超精密磨削，关键是使材料以塑性变形方式去除。在磨粒的作用下，材料表面刚好产生微裂纹，磨粒切入的厚度称为临界切削层厚度。许多学者对磨削条件下脆性材料的脆-塑性转变进行了研究[27,49-54]，美国学者 T. G. Bifano 得到了脆性材料超精密磨削中的临界切削层厚度：

$$d_c = 0.15 \cdot \left(\frac{E}{H} \right) \cdot \left(\frac{K_{IC}}{H} \right)^2 \tag{1-4}$$

式中，d_c 为临界切削层厚度；E 为材料的弹性模量；H 为材料硬度；K_{IC} 为材料的断裂韧性。

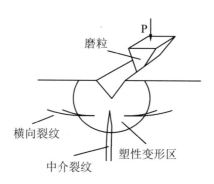

图 1-7　磨粒作用下的脆性裂纹系统

日本学者 Naoya Ikawa[55]等用不同粒度的磨粒对单晶硅表面进行压痕实验，发现不同粒度的磨粒对材料表面的影响不同。因此，在超精密磨削中金刚石磨粒的大小必将影响临界切削厚度。

1.5　超声振动辅助加工技术的发展及应用

21 世纪以来，随着科学技术的快速发展，航空航天、军工、船舶等行业对产品的制造精度和质量提出越来越高的要求。随着新型高性能材料以及复杂结构零部件的广泛应用，传统机械加工技术面临巨大的挑战。为了满足生产加工的需求，研究人员通过各种加工方法和技术，从改变切削机理入手，不断对新的加工方法和技术进行尝试、探索和研究。超声辅助加工技术作为一种复合加工技术，已经在难加工材料、异形结构、精密加工等高精尖应用领域得到了广泛的应用。

通常情况下，超声振动辅助加工系统是通过在相应的机床平台上附加超声振动辅助系统来实现的。超声振动辅助系统主要包括超声波电源、电能传输和超声振动辅助装置三部分组成。超声波电源是超声振动系统的电能生成部件。电能传输装置的主要作用是将超声电源产生的高频电能转换为高频机械能传递给产生振动辅助装置。超声振动辅助装置包括换能器、变幅杆和加工工具，是超声振动辅助系统的最终执行部件。

超声振动辅助加工是在传统机械加工的基础上，通过对加工工具或加工工件施加超声振动来改善加工质量的一种复合加工技术。超声振动辅助加工过程中，加工工具的高频微振动使得加工工具与被加工材料的接触状态和作用机理发生改变，被加工工件材料的去除主要通过刀具对工件的切削作用、高频撞击作用以及超声空化作用等去除。在超声振动辅助加工过程中，由于加工工具与加工工件属于断续接触，加工工具与材料的接触状态发生了变化，导致加工工具与工件间的摩擦力降低，平均作用时间缩短，从而对降低切削力、减少切削热、减轻刀具的磨损、提高加工工件的加工精度和加工质量有很大的帮助和改善。由于超声振动辅助加工改变了加工过程中材料的去除机理，因此非常适合加工各种硬脆性材料，具有加工精度高、表面残余应力低、切削力小、摩擦生热不明显等的优点，但是目前超声振动辅助加工在应用中也存在一些问题：在超声振动辅助加工过程中，频率及振幅越大，变幅杆和加工工具承受的交变应力也越大，由于变幅杆与刀具以及换能器大多通过螺纹进行连接，会导致连接表面摩擦生热严重，能量损失增大。另外，超声加工中刀具的高频微振动会加剧刀具的磨损，这也限制了超声加工的进一步研究及应用。

1.6 超声振动辅助磨削技术发展

航空、电子、光学及通信工业的新技术迅猛发展，对硬脆性材料、难加工材料和新型先进材料的需求日益增多，对关键零件的加工效率、加工质量和加工精度提出了更高的要求。传统的加工方法一般是超精密磨削和单点金刚石切削，但是这些方法会产生较大的磨削力以及磨削热，引起工件表面、亚表面损伤以及砂轮寿命低的缺点，这就严重制约着零件的加工精度及加工效率。因此超声振动辅助加工技术应运而生。

超声振动辅助加工已经在车削、钻削、镗削等方面得到广泛的应用[56-60]。目前，日本、美国等国家已经实现了超声振动辅助磨削加工的实际应用。日本在这一领域的研究工作比较突出，已经出现了商品化的数控超声振动磨削机床。

关于超声振动切削的机理问题[61]，有些学者提出瞬间零位振动切削机理、不灵敏振动切削机理、表面微细沟槽自成机理、摩擦系数降低理论、剪切角增大理论、应力和传递能量集中的观点、加工硬化和切削速度变化对切削产生影响的理论、相对净切削时间理论、工件的刚性化原理，等等，但是缺乏完整透彻的分析和研究。由于磨削工具和工艺的复杂性，超声振动辅助磨削的机理一直处于探讨和试验性研究阶段。

超声振动辅助磨削加工是一种间歇式的加工方法，是把超声加工和磨削加工结合起来的加工技术。小幅的振动以超声频率附加在工具或工件上，使其运动学发生改变。该加工方法结合了金刚石磨削加工材料去除机理和超声加工特点，利用该加工方法可以提高加工效率和质量，尤其适合于工程陶瓷等硬脆材料的加工，而且表面损伤和残余应力都较小。国内外的大量研究和试验结果[62-69]证明，在磨削加工中引入超声振动，可以有效地解决砂轮堵塞和磨削烧伤问题，降低磨削力，使切屑减薄，提高磨削质量和磨削效率，延长工具使用寿命，提高脆性材料与延性域发生转变的临界切削深度，实现脆性材料的延性域加工，使复杂光学元件表面超精密加工可以不须采用磨削和抛光的方法完成。

1927 年，R.W.Wood 和 A.L.Loomis 发表了有关超声波加工的论文，超生加工首次提出。

1945 年，L.Balamuth 申请了关于超声加工的专利。

20 世纪 50～60 年代，日本学者隈部淳一郎对振动切削进行系统研究，提出了振动切削理论，并成功实现了振动磨削加工。

20 世纪 60 年代，英国 Hawell 原子能研究中心的科学家发明了新的超声磨削复合加工方法。超声振动磨削加工在难加工材料和高精度零件的加工方面显示了很大的优越性。

1986 年，日本学者石川健一受超声电机椭圆振动特性启发，首次提出了"椭圆振动切削方法"（Elliptical vibration cutting）。

20 世纪 90 年代初，日本神户大学社本英二等人对超声椭圆振动切削技术进行了深入研究，利用金刚石刀具采用激励双弯曲合成椭圆振动的方式对黑色金属、淬火不锈钢进行精密车削，最小表面粗糙度可以达到 $R_a 0.0106\mu m$，不但解决了金刚石不能加工黑色金属的难题，而且使这项技术达到了实用化阶段。

20 世纪 50 年代，我国开始进行了振动加工的初步应用研究，对超声振动磨削机理进行了探索研究。

1985 年前后，机械电子工业部第 11 研究所研制成功超声旋转加工机，在玻璃、陶瓷等硬脆材料的内外磨削加工中取得了优异的工艺效果。

1987 年，北京市电加工研究所研究成功了超硬材料超声电火花复合加工抛光技术。这项技术是世界上首次提出并实现超声频调制电火花与超声波复合的研磨、抛光加工技术。与单一超声波研磨、抛光线相比，效率提高 5 倍以上，并节约了大量的金刚石磨料。

20 世纪 80 年代后期，天津大学李天基等人在高速磨削的同时对磨头施加超声振动，提出了高效的超声磨削复合加工方法，效率比传统的超声加工提高了 6 倍以上，表面质量也有了大幅提高。

美国麻省理工学院的 B. Varghess 和 S. Malkin[70]在 48 届 CIPR 年会上报道了在工件径向施加超声振动的研究结果。研究结果表明砂轮的接触压力、砂轮承载面积、工作循环时间、超声振动与砂轮表面开槽等对淬硬轴承钢的材料去除率均有影响；材料获得最大去除率、磨削比和最小磨削比能，存在一个最佳的接触压力范围，当接触压力超过该临界压力时，材料去除率因受磨屑影响而下降。研究还指出，在垂直工件表面方向施加超声振动和砂轮开槽相结合可使材料去除率提高 65%。

河北工学院的李健中[71-73]等人对超声振动磨削的材料去除机理、表面创成机理、表面粗糙度等进行了一系列的研究。利用自行研制的超声振动磨削装置使砂轮磨削的同时作轴向超声振动，通过试验得知，由于高频振动，砂轮不易堵塞，保持磨粒锋利性，提高了磨削效率；磨削表面形成网状结构，加工表面质量较好。

华北工学院辛志杰[74]对超声振动内圆磨削的磨削机理进行了探讨，并得出结论：振动磨削时工件表面粗糙度值比较小，这说明超声振动对砂轮增强自励性及增加有效切削量的作用是存在的；同时，超声振动磨削时，砂轮不易堵塞，有利于减少砂轮与工件表面的摩擦作用，从而产生提高加工表面质量的效果；普通磨削时，砂轮外圆表面上的磨粒是直线前进的，但是对超声振动辅助磨削来说，砂轮的高频轴向振动垂直于磨削速度方向，二者的相对运动使不同位置上的磨粒所切出的沟槽相互交错，产生了将各磨粒的切削长度截短的现象，从而使脉冲作用力作用到各个磨粒上，它相当于在磨削时既有旋转运动，又有往复运动，在加工表面上形成了纵横交错的微细沟槽。此外，磨削液易于进入磨削区，类似超声供液。以上诸因素有利于降低磨削力，减小磨削热，砂轮不易发生堵塞，从而使金属磨除量增加，提高了生产率。

天津大学刘殿通、于思远教授等人[75,76]将超声振动磨削加工技术应用于工程陶瓷小孔的加工，对其原理、主要工艺装置和加工过程中的工具磨损进行了介绍，分析并实验研究了影响加工效率和加工质量的主要因素。研究结果表明，工具直径对加工效率有一定的影响：直径越大，加工效率越高，当直径增加到一定程度，加工效率增加趋于平缓；工件材料的断裂韧性是影响加工效率的主要特性，随着工件硬度和断裂韧性的提高加工效率呈线性降低；磨削液的黏度、磨粒的浓度以及所采用的加工条件对加工效率也有很大的影响。工具振幅、磨粒尺寸以及静载荷的大小对加工质量有一定影响。

20 世纪 90 年代后，超声振动辅助加工成为了研究热点。目前的研究集中在参数（砂轮转速、振动幅度与频率、金刚石类型、磨料尺寸、结合剂类型、冷却液和压力等）对加工性能（材料去除率、切削力和表面粗糙度）的影响。

在国外，弗劳恩霍夫生产技术研究院在 2002 年初研制出了新型超声研磨设备 DMS 50，采用该设备对超声辅助磨削过程进行了技术性分析。并且，国外已研究出先进的超声振动主轴，其转速可达 4000r/min～30000r/min，可以实现加工过程中砂轮的振动，并使其转速达到传统磨削工艺的水平。

在国内，河南理工大学赵波教授[77]利用自行研制的超声振动珩磨机床对工程陶瓷发动机缸套类零件进行了超声振动磨削试验研究。研究结果表明：对工程陶瓷发动机缸套采用超声振动珩磨可使固结磨具获得微粉级的加工效果，加工表面微裂纹大幅度减少，加工效率和加工表面质量均得到很大提高，加工工具耐用度比普通磨削提高至少 3 倍。近几年，赵波教授等人[64-66]又对二维超声振动磨削的运动特性、磨削力特性及磨削机理进行了研究，促进了超声振动辅助磨削技术的发展。研究结果表明，使工件沿纵、横方向同时振动时，磨粒运动轨迹为椭圆形状，磨削力降低，能够获得良好的磨削表面质量。

河南理工大学的闫艳燕[78]等对二维超声振动辅助磨削条件下纳米陶瓷的表面微观不平度进行了分析研究。试验中同时在工件的两个垂直方向施加不同频率的超声振动，并使工件相对于砂轮做水平进给和垂直进给运动，在不同磨削参数下分别对纳米氧化锆陶瓷进行普通磨削和二维超声振动辅助磨削。试验结果表明：二维超声振动辅助磨削条件下，纳米氧化锆陶瓷可获得较好的表面加工质量，并且在磨削过程中不易堵塞砂轮；在加工参数选取合适时，可获得纳米级的镜面加工表面。

南京航空航天大学的宫小北[79]在杯型砂轮上施加旋转超声振动，分别研究了旋转超声振动对磨削力、工件表面粗糙度、表面形貌以及砂轮表面磨损的影响。得出以下结论：超声振动相对于工件表面的施加方向对磨削力的降低有很大的影响；超声振动对不同磨削参数下磨削力的影响规律不同；当超声振动方向与加工表面平行时，超声振动有利于降低工件表面的粗糙度，有利于磨粒磨损形式的减少，使得磨粒只存在磨耗磨损，并且减小了磨粒磨耗磨损的程度。但是当超声振动方向与加工表面垂直时，超声振动的引入不利于工件加工表面粗糙度的降低，有利于磨粒产生破碎磨损，同时磨粒的脱落程度有所减轻。

东北大学的薛克祥[80]对高温合金的超声振动辅助磨削机理进行了研究，试验中砂轮在轴向超声振动下对高温合金进行平面磨削，得到以下结论：普通磨削条件下工件表面纹理不平行，相互交织，形成网状结构，随着磨削深度增大，出现材料断裂去除的现象；超声振动条件下，随着磨削深度和工件速度的增加，磨削力也逐渐增大，随着砂轮速度的增加，磨削力逐渐减小，超声振动辅助磨削过程中的单位磨削力小于普通磨削，说明超声振动改善了工件材料的可磨削性。

南昌航空大学的肖永军[81]设计了一套旋转超声磨削装置，分别在超声振动辅助条件下和普通磨削条件下对 SiCp/Al 复合材料、不锈钢、铝进行了平面磨削。对于 SiCp/Al 复合材料，普通磨削条件下沿着磨削方向工件表面出现很多凹坑，超声振动辅助磨削时，加工工件表面比较光整，这可能是由于产生振动条件下材料的去除主要是延性去除造成的，此时磨削表面质量得以改善；对于不锈钢，超声振动辅助磨削减轻了砂轮的堵塞程度，降低了磨削力，使得磨削质量比普通磨削有了很大的改善；对于铝，相对于普通磨削，超声振动辅助磨削时表面的凹坑较少并且较小，隆起也比较低，分析其原因是由于普通磨削时磨削力较大，并且铝的塑性较大，工价表面被较大的磨削力挤压，使得塑性隆起增加；超声振动条件下，磨削力较小，因此塑性隆起会比较低。

第 2 章 超声振动辅助磨削加工装置

超声振动辅助磨削试验装置包括机床、超声振动系统、切削力测量系统和对刀辅助系统。超声振动辅助磨削试验原理如图 2-1 所示。

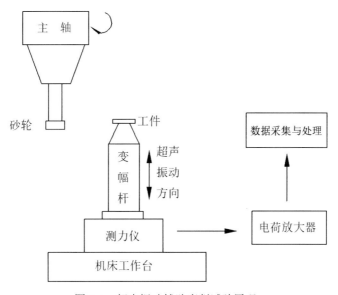

图 2-1 超声振动辅助磨削试验原理

2.1 超声振动辅助磨削加工试验装备整体设计

该装备的整体结构如图 2-2 所示，包括换能器、振动系统夹具、变幅杆、节点支撑、工件夹具、工件、三向测力仪。

夹具和变幅杆采用锥螺纹连接，接触面涂抹黄油以降低超声能量损耗，变幅杆通过夹具固定于压电晶体测力仪上，并在振动节点处增加刚性支撑，以提高系统的刚性。该装夹系统可实现径向超声振动和切向超声振动两种复合磨削方式。

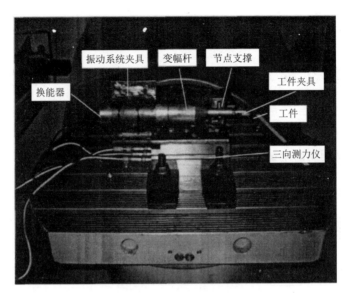

图 2-2　工件装夹与测力系统

超声振动辅助磨削实验装置示意图如图 2-3 所示。

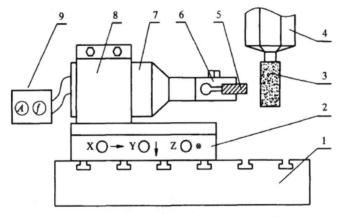

图 2-3　超声振动辅助磨削实验装置示意图

1—工作台；2—三向测力仪；3—电镀金刚石砂轮；4—机床主轴系统；5—工件；
6—工件夹具；7—超声振动装置；8—超声振动装置夹具；9—超声波发生器

2.2　超声振动系统设计

在本书中，超声振动作为辅助磨削的叠加工艺，采用工件振动的方式。超声振动系统包括超声波发生器、换能器、变幅杆（包括传振杆）以及工件夹具和工件。

工件超声振动是本书的一个特点。超声振动辅助磨削加工时，超声波发生器与压电陶瓷换能器相连，在超声波发生器电源作用下，压电陶瓷换能器将电能转换成机械能，输出纵向超声振动。一般地，压电陶瓷换能器自身的振动幅度十分微小，大约在 1～5μm 左右，对复合磨削加工没有实际意义，因此必须进行放大。压电陶瓷换能器原始振动的放大通过变幅杆实现。换能器与变幅杆通过双头螺柱连接，变幅杆与加工工件通过螺栓连接。如图 2-4 所示，超声波电源产生的高频脉冲电信号传输给换能器，从而使得换能器中的压电陶瓷产生微小的高频机械振动，通过变幅杆将振幅放大，使得固定在变幅杆末端的被加工工件产生合适的振幅。

图 2-4　超声振动系统

2.3　超声波频率的选择

超声波是机械波，可以在气体、液体和固体中传播。根据超声波在媒介中传播的特点，可以将其分为纵波和横波。纵波是指介质质点振动方向与传播方向相平行的波，如图 2-5 所示。在纵波通过的区域内，介质质点发生周期性的稀疏和稠密。横波是指介质质点振动方向与波的传播方向相垂直的波，如图 2-6 所示。横波只能在具有切变弹性的介质中传播，因此它仅存在于高黏性液体和固体中。

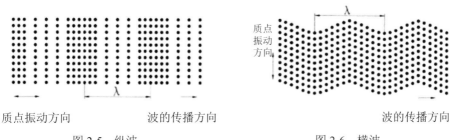

质点振动方向　　　　　波的传播方向　　　　　　　　　　波的传播方向

图 2-5　纵波　　　　　　　　　　　图 2-6　横波

纵波的声速表达式为

$$c_1 = \sqrt{\frac{E(1-\sigma)}{\rho_0(1+\sigma)(1-2\sigma)}} \tag{2-1}$$

横波的声速表达式为

$$c_t = \sqrt{\frac{E}{2\rho_0(1+\sigma)}} \tag{2-2}$$

式中，E 为杨氏模量；σ 为泊松比；ρ_0 为介质密度。

为了研究方便，现引入拉梅常数 λ_0（表示材料的压缩性）和切边弹性系数 μ，其表达式分别为

$$\lambda_0 = \frac{E\sigma}{(1+\sigma)(1-2\sigma)} \tag{2-3}$$

$$\mu = \frac{E}{2(1+\sigma)} \tag{2-4}$$

将式（2-3）和式（2-4）分别代入式（2-1）和式（2-2），可求得纵波和横波声速的表达式分别为

$$c_1 = \sqrt{\frac{\lambda_0 + 2\mu}{\rho_0}} \tag{2-5}$$

$$c_t = \sqrt{\frac{\mu}{\rho_0}} \tag{2-6}$$

由式（2-6）可知，固体媒介的弹性性能越强，密度越小，声速就越高。而且可以导出纵波声速和横波声速之间的关系为

$$\frac{c_1}{c_t} = \sqrt{\frac{2(1-\sigma)}{1-2\sigma}} \tag{2-7}$$

对于一般固体，σ 为 0.33 左右，因此 $c_1/c_t = 2$，即纵波声速约为横波声速的 2 倍，因此本书中的试验研究选用超声波为纵波。

当把一大功率超声波导入熔体时，就会在熔体中建立起一超声场，引起熔体质点产生振动。假定导入的超声波是沿着一个方向进行传播的平行平面波，如果忽略声波传播过程中的能量损耗，则质点的运动参量和声场强度可用以下公式进行表示：

质点的位移为

$$X = m \sin \omega t \qquad (2\text{-}8)$$

质点的振动速度为

$$v = \frac{\mathrm{d}x}{\mathrm{d}t} = m\omega \cos \omega t \qquad (2\text{-}9)$$

质点的振动加速度为

$$a = \frac{\mathrm{d}v}{\mathrm{d}t} = \frac{\mathrm{d}^2 x}{\mathrm{d}t^2} = -m\omega^2 \sin \omega t \qquad (2\text{-}10)$$

在熔体中的声场强度为

$$I = 2\pi^2 \rho_0 c(fm)^2 \qquad (2\text{-}11)$$

式中，m 为振幅；ω 为角频率；t 为时间；ρ_0 为介质密度；f 为振动频率；c 为超声波在熔体中的传播速度。

由式（2-11）可知，在振动频率、介质密度以及传播速度一定的情况下，超声波在熔体中的声场强度 I 与振动频率 f 的平方和振幅 m 的平方成正比。因此增大频率可提高声场强度。一般采用 15~30kHz 的振动频率。综合考虑超声振动辅助加工各方面的因素，设计选用的超声振动频率为 20kHz 左右。

2.4　超声波电源的选用

超声波电源是实现功率超声振动的能量转换装置。它能将 50Hz 的交流电转换为超声频电信号，超声频电信号驱动换能器，换能器将高频电振荡转换为高频机械振动。在超声振动辅助加工过程中，为了提高加工效率和保证加工质量，需要获得合适的振幅，这就需要超声波电源具有自动追踪振动系统的谐振频率，从而保证超声振动系统始终保持稳定的振幅工作[82]。在超声振动辅助磨削加工试验研究过程中，选用了 CSF27 型超声波电源。

2.5　换能器的选用

换能器的作用是在超声振动频率范围内将超声频电振荡信号转换为超声频机械振动，换能器是超声振动辅助加工的关键元器件，它的性能好坏直接关系到超声振动辅助加工的效果和使用范围[83]。根据能量转换方式的不同，换能器分为压电陶瓷换能器、磁致伸缩换能器、静电换能器、电磁声换能器，机械换能器等。在超声振动辅助磨削加工试验研究过程中，选用了压电陶瓷换能器，振动频率为20kHz。

2.6　变幅杆的选用及设计计算

在超声振动辅助加工系统中，换能器是产生振动的，但是它产生的振动的振幅一般非常小，大约只有0.001~0.01mm，这种程度的振幅对于机械加工来讲是远远不够的[84]。因此，变幅杆应运而生，变幅杆的作用是把超声振动的振幅放大，继而传递给加工工具或者工件。在目前的生产和研究中，比较常见的变幅杆有：指数形、阶梯形和圆锥形变幅杆。

超声变幅杆是在1945年左右提出的。期初，变幅杆的类型是纵指数形的，其目的是为了放大超声波的功率。

纵观变幅杆的发展历史，Y.S.Wong，W.K.H.Seah 在其中作出了巨大的贡献。对变幅杆采用CNC加工就是他们提出的。事实证明，这种方法对变幅杆的加工起到了很好的促进作用。

何涛等教授对指数形超声变幅杆展开了深入的研究，对纵振扭转的能量还有指数衰减系数，及其具体选择方案做了研究[85]。

ANSYS对于变幅杆的设计优化运用的十分灵活，这是在埃及科学家S.G.Amin等提出了 ANSYS 软件包对变幅杆的具体仿真过程后实现的。他们自己还对双锥形变幅杆进行了仿真测试，测试过程中不是现在最常用的体单元，而是面单元，所做的这个仿真得出了变幅杆在不同截面处的振幅大小。这种仿真研究为工业实践中选择合适外形尺寸的变幅杆提供了非常好的参考方案[86]。

目前，有限元分析法等软件技术已经普遍被用来设计轴对称形状的变幅杆。随着有限元软件技术的发展，又有 L.C.Lee 等人运用这一类软件测定了变幅杆的固有频率，这在变幅杆的发展中是极其重要的一步，因为运用仿真得到了固有频率，这样在设计时就能使变幅杆更好地达到固有频率，从而达到更好的效果[87]。

有限元技术的运用并不仅仅局限于变幅杆，它有非常广的运用范围，只在超声加工领域，还能用于研究压电式换能器。B.Dubus 等人就运用有限元软件对其进行了研究，并得出了一些普适结论。

当变幅杆承受负载时，其一些特性又有了不一样的结论，所以对于负载下变幅杆的特性研究还是很有必要的，因为变幅杆总是在有负载下工作的，廖华丽等人就在这一方面展开了详细的研究，且得到了很好的效果[92]。

2.7 变幅杆设计理论

2.7.1 变幅杆设计概述

超声振动变幅杆的主要功能是把超声波的振幅进行放大，已达到加工工件或刀具有效加工所需的振幅大小。超声振动变幅杆也可以看作是把振动能从换能器传递到加工工件或刀具的工具，通过与换能器共振实现振幅放大。超声振动变幅杆需设计合理，如果不合理，会对设备的机械加工性能造成损坏，对振动系统产生破坏并对超声发生器造成巨大的损坏，因而，对超声振动变幅杆的设计制造过程要求较高。

超声波传播原理、简单机械振动系统振动及质点理论是超声振动变幅杆的理论设计基础[84]。

通常，超声振动变幅杆是由疲劳强度较高和耐磨性较好的金属制造而成的。超声振动变幅杆设计中最重要的环节就是对其共振频率的确定和正确的谐振波长的确定。变幅杆的谐振长度应该是超声波半波长的倍数。简单几何形状（圆柱形）的超声振动变幅杆的谐振频率是能够确定的。对于复杂几何形状的变幅杆的谐振频率通常通过有限元的方法来确定[89]。

超声振动变幅杆的主要性能由放大系数来评估

$$\theta = \left| \frac{A_1}{A_0} \right| \tag{2-12}$$

式中，A_0 为超声变幅杆输入端的振幅；A_1 为超声变幅杆输出端的振幅。

对放大系数的基本要求为：

$$\theta > 1 \qquad\qquad (2\text{-}13)$$

2.7.2　变截面纵振动的波动方程

为研究方便，从理论上把变幅杆看成是由均匀、各向同性材料所构成的变截面杆。当变幅杆的尺寸远远小于波长并且纵波沿着变幅杆的中心轴方向进行传播时，在不计损耗的前提下，应力在杆的各个横截面上的分布应该是均匀的[90]。

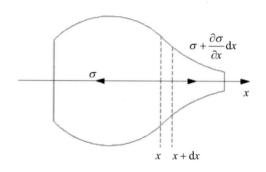

图 2-7　变截面杆纵振示意图

如图 2-7 所示，x 轴是变幅杆的中心对称轴，在（x, $x+\mathrm{d}x$）所限定的区间上，作用在微小体元的张应力为 $\dfrac{\partial \sigma}{\partial x}\mathrm{d}x$，根据牛顿定律，可以得出变幅杆动力学方程（理论）[91]：

$$\frac{\partial(S\cdot\sigma)}{\partial x}\mathrm{d}x = S\cdot\rho\frac{\partial^2\xi}{\partial t^2}\mathrm{d}x \qquad\qquad (2\text{-}14)$$

式中，$S=S(x)$，为杆的横截面积函数；$\xi=\xi(x)$，为质点位移；$\sigma=\sigma(x)=E\dfrac{\partial\xi}{\partial x}$，为应力函数；$\rho$ 为杆材料的密度；E 为杨氏模量。

当振动模式为简谐振动时，式（2-14）又可以写为

$$\frac{\partial^2\xi}{\partial x^2}+\frac{1}{S}\cdot\frac{\partial S}{\partial x}\cdot\frac{\partial\xi}{\partial x}+k^2\xi=0 \qquad\qquad (2\text{-}15)$$

公式（2-15）是变截面变幅杆纵振动的波动方程，其中 $k^2=\omega^2/c^2$，k 为圆波数，ω 为圆频率，$c=\sqrt{E/\rho}$ 为纵波在杆中的传播速度。可以根据边界条件

$[(\partial\xi/\partial x)_{x=t}=0,(\partial\xi/\partial x)_{x=0}$ 和 $(u)_{x=0}$（初始振幅）] 对该方程进行求解[92]。根据该方程可以求得引起和振动波产生共振的变幅杆的长度，并推导在该长度下振幅的变化规律。式（2-15）只适用于变幅杆的截面函数按照一定规律变化的情况，例如：阶梯形，指数形，圆锥形等。对于截面函数更为复杂的或者复合型的变幅杆，式（2-15）中的 S 对 x 的一阶导数就不是常数，即式（2-15）的一次项系数不是常数，那么对该方程的求解就会变得困难。

本书所用变幅杆的工作频率为 $f=20\text{kHz}$，变幅杆的截面都为圆截面，变幅杆所用的材料 45 钢，纵波在变幅杆中的传播速度 $c=5.196\text{mm/s}$ [93]。

2.8 指数形变幅杆的理论计算

如图 2-8 所示的指数形变幅杆，变幅杆在坐标原点（$x=0$ 处）的横截面积为 S_1，在 $x=l$ 处的横截面积为 S_2。而作用在变幅杆输入端（$x=0$ 处）以及输出端（$x=l$ 处）的力和纵波振动速度分别为 F_1，$\dot{\xi}_1$ 和 F_2，$\dot{\xi}_2$。取指数形变幅杆的横截面为圆截面时，圆截面半径的函数为 $R=R_1 e^{-\beta x}$。

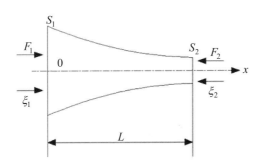

图 2-8 指数形变幅杆

其中，$\beta=\dfrac{1}{l}\ln\sqrt{\dfrac{S_1}{S_2}}=\dfrac{1}{l}\ln\dfrac{R_1}{R_2}=\dfrac{1}{l}\ln N$；

N 为面积函数，$N=\sqrt{\dfrac{S_1}{S_2}}=\dfrac{R_1}{R_2}$；

从而可求得式（2-15）的解为

$$\xi = e^{\beta x}(a_1 \cos K'x + a_2 \sin K'x)e^{j\omega t} \qquad (2\text{-}16)$$

其中，$K' = \sqrt{K^2 - \beta^2}$。

为了方便计算，可以省略去时间因子 $e^{j\omega t}$。那么，应变分布的表达式可以写成

$$\frac{\partial \xi}{\partial x} = \beta e^{\beta x}(a_1 \cos K'x + a_2 \sin K'x) + e^{\beta x}(-a_1 K'\sin K'x + a_2 K'\cos K'x)$$

$$(2\text{-}17)$$

且变幅杆的边界条件为两端自由：

$$\left.\begin{array}{l} x=0 \quad \xi = \xi_1 \quad \dot{\xi}_1 = \left.\frac{\partial \xi}{\partial t}\right|_{x=0} \quad \left.\frac{\partial \xi}{\partial x}\right|_{x=0} = 0 \\[2mm] x=l \quad \xi = -\xi_2 \quad \dot{\xi}_2 = -\left.\frac{\partial \xi}{\partial t}\right|_{x=l} \quad \left.\frac{\partial \xi}{\partial x}\right|_{x=l} \end{array}\right\} \qquad (2\text{-}18)$$

2.8.1 指数形变幅杆频率方程和谐振长度

从式（2-17）和边界条件（2-18）中的 $\left.\frac{\partial \xi}{\partial x}\right|_{x=0} = \left.\frac{\partial \xi}{\partial x}\right|_{x=l} = 0$ 可以得到以下关系式

$$\left[1 + \left(\frac{K'}{\beta}\right)^2\right]\beta \sin K'l = 0$$

且由于 $\left[1 + \left(\frac{K'}{\beta}\right)^2\right]\beta \neq 0$，所以可以得到频率方程

$$\sin K'l = 0 \qquad (2\text{-}19)$$

或 $\qquad K'l = n\pi \qquad n = 1,2,3\dots \qquad (2\text{-}20)$

$$l = n\frac{\pi}{K'} = N\frac{\pi}{\frac{2\pi}{\lambda'}} = N\frac{\lambda'}{2} \qquad (2\text{-}21)$$

因为 $K' = \sqrt{K^2 - \beta^2}$，可以得到指数形变幅杆中纵波的传播速度为

$$c' = \frac{c}{\sqrt{1 - \left(\dfrac{\beta c}{\omega}\right)^2}} \qquad (2\text{-}22)$$

通过式（2-22）可以得出结论：在指数形变幅杆中，纵波的传播速度是和圆频率有关系的，当满足关系

$$\left(\frac{\beta c}{\omega}\right)^2 < 1 \text{ 或 } \quad f > \frac{\beta c}{2\pi}$$

时，只有按照式（2-22）来设计指数形超声变幅杆，声波在变幅杆中的传播才能实现，振动能才能从变幅杆的输入端传到输出端。

把式（2-22）代入式（2-21）中，结合式 $\beta = \ln N / l$，就可以计算出谐振长度 l：

$$l = n\frac{c}{2f}\sqrt{1 + \left(\frac{\ln N}{n\pi}\right)^2} = n\frac{\lambda}{2}\sqrt{1 + \left(\frac{\ln N}{n\pi}\right)^2} \qquad (2\text{-}23)$$

需要注意的是：前文公式中所出现的 λ' 和 λ 分别指的是纵波在指数形变幅杆和均匀细杆中的波长。

2.8.2 指数形变幅杆的位移节点 x_0

根据边界条件（2-18）以及式（2-16）和式（2-17），可以确定出常数 $a_1 = \xi_1$，

$a_2 = -\dfrac{\beta}{K'}\xi_1$，将其代入式（2-16）中，可得到质点沿轴向的位移分布方程为：

$$\xi = \xi_1 e^{\beta x}\left(\cos K'x - \frac{\beta}{K'}\sin K'x\right) \qquad (2\text{-}24)$$

当 $\xi = 0$ 时，可以求出位移节点：

$$\cot(K'x_0) = \frac{\beta}{K'} \text{ 或 } x_0 = \frac{l}{\pi}\operatorname{arc\,cot}\left(\frac{\ln N}{\pi}\right) \qquad (2\text{-}25)$$

2.8.3 指数形变幅杆的放大系数 M_{p}

根据式（2-24）可以得出

$$\xi\big|_{x=0} = \xi_1$$

$$\xi\big|_{x=l} = \xi_1 e^{\beta l}\left(\cos K'l - \frac{\beta}{K'}\sin K'l\right)$$

$$M_p = \left|\frac{\xi\big|_{x=l}}{\xi\big|_{x=0}}\right| = e^{\beta l}\left(\cos K'l - \frac{\beta}{K'}\sin K'l\right) \tag{2-26}$$

把频率方程 $K'l = n\pi$ 代入式（2-26）中就可以得到放大系数 M_p 为：

$$M_P = e^{\beta l} = N \tag{2-27}$$

2.8.4 指数形变幅杆的设计计算

$\phi_1 = 97\text{mm}$，$\phi_2 = 19\text{mm}$，按照面积系数计算公式 $N = \sqrt{\dfrac{S_1}{S_2}} = \dfrac{R_1}{R_2}$，求得面积系数 $N = 5.11$。为了减小变幅杆尺寸，本书采用半波长变幅杆，在式（2-23）中，取 $n = 1$，计算求得谐振长度 $l = 145.6\text{mm}$，进而求得 $\beta = 11.1 \times 10^{-3}$。根据条件，$\dfrac{\beta c}{2\pi} = 9.22 \times 10^3$，$f > \dfrac{\beta c}{2\pi}$ 成立，满足要求，该变幅杆能够传递声波。再根据式（2-25）计算出位移节点 $x_0 = 50.51\text{mm}$，根据式（2-27）计算出放大系数 $M_p = 5.11$。

2.9 圆锥形变幅杆的理论计算

如图 2-9 所示的圆锥形变幅杆，假设作用在此圆锥形变幅杆两端的力和振动速度分别为 $F_1, \dot{\xi}_1$ 和 F_2，$\dot{\xi}_2$，且变幅杆在坐标原点（$x = 0$）处的直径为 D_1，在另一端部（$x = l$）处的直径为 D_2，可得到函数的关系式为

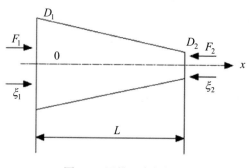

图 2-9　圆锥形变幅杆

$$S = S_1(1 - \alpha x)^2$$
$$D = D_1(1 - \alpha x)$$

其中，$\alpha = \dfrac{D_1 - D_2}{D_1 l} = \dfrac{N - 1}{Nl}$

$$N = \dfrac{D_1}{D_2}$$

此时，波动方程（2-15）的解为

$$\xi = \dfrac{1}{x - \dfrac{1}{\alpha}}(a_1 \cos Kx + a_2 \sin Kx) \tag{2-28}$$

$$\dfrac{\partial \xi}{\partial x} = \dfrac{1}{\left(x - \dfrac{1}{\alpha}\right)}(-a_1 K \sin Kx + a_2 K \cos Kx) - \dfrac{1}{\left(x - \dfrac{1}{\alpha}\right)^2}(a_1 \cos Kx + a_2 \sin Kx) \tag{2-29}$$

2.9.1 圆锥形变幅杆的频率方程和谐振长度

通过式（2-29）和边界条件 $\dfrac{\partial \xi}{\partial x}\Big|_{x=0} = \dfrac{\partial \xi}{\partial x}\Big|_{x=l} = 0$

可以得到频率方程为：

$$\tan(Kl) = \dfrac{Kl}{1 - \left(\dfrac{K}{\alpha}\right)^2 (\alpha l - 1)} \tag{2-30}$$

或
$$\tan(Kl) = \dfrac{Kl}{1 + \dfrac{N}{(N-1)^2}(Kl)^2} \tag{2-31}$$

通过式（2-31）可以求出根 $(Kl)_0$，将其代入式（2-32）便可求出圆锥形变幅杆的谐振长度

$$l = \dfrac{\lambda}{2\pi}(Kl)_0 \tag{2-32}$$

2.9.2 圆锥形变幅杆的位移节点 x_0

根据式（2-28）和式（2-29），运用边界条件

$$\xi\big|_{x=0} = \xi_1, \frac{\partial \xi}{\partial x}\bigg|_{x=0} = 0$$

可以确定出常数：

$$a_1 = -\frac{\xi_1}{\alpha}, a_2 = \frac{\xi_1}{K}$$

把 a_1, a_2 代入式（2-28）中可以得到质点的位移表达式为

$$\xi = \xi_1 \frac{1}{1-\alpha x}\left(\cos kx - \frac{\alpha}{K}\sin Kx\right) \tag{2-33}$$

在式（2-33）中，令 $\xi = 0$，可计算出位移节点 x_0：

$$x_0 = \frac{1}{K}\arctan\left(\frac{K}{\alpha}\right) \tag{2-34}$$

2.9.3　圆锥形变幅杆的放大系数 M_{p}

放大系数 M_{p} 的计算公式为：

$$M_p = \left| N\left(\cos Kl - \frac{N-1}{NKl}\sin Kl\right)\right| \tag{2-35}$$

2.9.4　圆锥形变幅杆的计算

根据式（2-31），求得 $(Kl)_0 = 3.456$，再根据式（2-32）求得谐振长度 $l = 142.0\text{mm}$。然后求位移节点 x_0，求出 $\alpha = 5.666 \times 10^{-3}$，$K = 2.43 \times 10^{-2}$，根据式（2-34），求出位移节点 $x_0 = 61.32\text{mm}$。最后根据式（2-35）求出放大系数 $M_{\mathrm{p}} = 4.49$。

2.10　阶梯形变幅杆的理论计算

图 2-10 所示阶梯形变幅杆分为两段，两段均为圆柱体，但其半径大小不一样。通过式（2-15）可以写出两段均匀截面杆的波动方程。

写出其解为

$$\begin{aligned} \xi_a &= (a_1\cos Kx + a_2\sin Kx) \quad (-a < x < 0) \\ \xi_b &= (a_3\cos Kx + a_4\sin Kx) \quad (0 < x < b) \end{aligned} \tag{2-36}$$

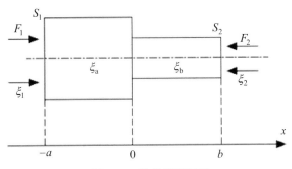

图 2-10　阶梯形变幅杆

通过边界条件，$\xi_a\big|_{x=-a}=\xi_1$ 和 $SE\dfrac{\partial \xi a}{\partial x}\bigg|_{x=-a}=0$，可得：

$$\begin{cases} a_1 = \xi\cos Ka \\ a_2 = -\xi\sin Ka \end{cases} \tag{2-37}$$

另外，通过边界条件 $\xi_b\big|_{x=0}=\xi_a$ 计算可得

$$a_3 = a_1 = \xi\cos Ka$$

又由式（2-41）得

$$a_4 = \frac{A_1}{A_2}a_2 = \frac{A_1}{A_2}\xi\sin Ka，\quad 即$$

$$\begin{cases} a_3 = \xi\cos Ka \\ a_4 = -\dfrac{A_1}{A_2}\xi\sin Ka \end{cases} \tag{2-38}$$

2.10.1　阶梯形变幅杆的位移节点 x_0

把式（2-37）和式（2-38）代入式（2-36），可得到质点位移为

$$\begin{cases} \xi_a = \xi_1\cos[K(a+x)] \\ \xi_b = \xi\cos Ka\cos Kx - \dfrac{A_1}{A_2}\xi\sin Ka\sin Kx \end{cases} \tag{2-39}$$

令 $\xi_b = 0$，得到位移节点为

$$x_0 = b - \frac{\lambda}{4}$$

当 $b = a = \dfrac{\lambda}{4}$ 的时候，节点位置 $x_0 = 0$，即节点处于中心位置。

2.10.2 阶梯形变幅杆的放大系数 M_{p}

在阶梯形变幅杆的中间截面越变位置处，即 $x = 0$ 处，应力和振动变化情况复杂。当大小截面的面积之比 S_1/S_2 不大时（小于 5），则可以近似地认为力是连续的[11]，即

$$A_1 E \left. \frac{\partial \xi_{\mathrm{a}}}{\partial x} \right|_{x=0} = A_2 E \left. \frac{\partial \xi_{\mathrm{b}}}{\partial x} \right|_{x=0} \qquad (2\text{-}40)$$

基于式（2-40）和式（2-36），可得

$$A_1 a_2 = A_2 a_4 \qquad (2\text{-}41)$$

把式（2-37）和式（2-38）代入式（2-41），可得放大系数

$$M_{\mathrm{p}} = \frac{A_1}{A_2} \cdot \frac{\sin Ka}{\sin Kb} \qquad (2\text{-}42)$$

根据式（2-42）可以看出，当 $a = b = \dfrac{\lambda}{4}$ 时，放大系数 M_{p} 达到最大，即

$$M_{\mathrm{p}} = \frac{A_1}{A_2} = N^2 \qquad \left(a = b = \frac{\lambda}{4} \right) \qquad (2\text{-}43)$$

2.10.3 阶梯形变幅杆的计算

阶梯形变幅杆的频率方程近似为 $kl = \pi$，所以变幅杆的长度 $l = a + b = 2a$。而 $a = \lambda/4 = 64.625\mathrm{mm}$，所以 $l = 129.25\mathrm{mm}$。根据式（2-39），位移节点位于中心位置，即 $x_0 = 0$。根据式（2-43）计算放大系数，$M_{\mathrm{p}} = N^2 = 5.5289$。

第 3 章　超声振动辅助磨削运动学分析

超声振动辅助磨削是将超声振动和普通磨削加工结合在一起的一种加工技术，砂轮及砂轮表面磨粒相对于工件的运动特性与普通磨削不同。本章对工件沿砂轮切向、轴向和径向超声振动的超声振动辅助磨削过程进行研究，基于建立的超声振动辅助磨削模型，探讨了砂轮相对于工件的运动轨迹及其对加工过程的影响；系统分析单颗磨粒在加工过程中的运动特点、运动速度的变化规律，并对加工几何参数进行分析计算；给出超声振动辅助磨削为分离型加工过程的临界条件。本章的研究内容为超声振动辅助磨削力研究、材料去除机理研究和加工表面质量分析提供理论依据。

3.1　超声振动辅助磨削加工的类型

本书主要研究工件沿砂轮切向、轴向和径向超声振动的超声振动辅助磨削加工过程。各种情况下的加工运动简图如图 3-1 所示。

研究对象说明：工件以进给速度 v_w 水平运动，同时以超声振动频率 f（16～25kHz）和振幅 A（4～10μm）沿砂轮的切向、轴向或径向超声振动；砂轮直径为 d_s，以圆周速度 v_s 作等速圆周运动。

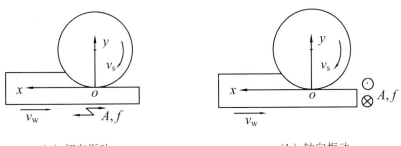

（a）切向振动　　　　　　　　　　　（b）轴向振动

图 3-1　超声振动辅助磨削运动简图

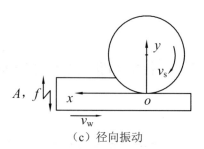

（c）径向振动

图 3-1　超声振动辅助磨削运动简图（续图）

为了研究方便，对研究对象及切削过程作以下假设：

（1）砂轮表面各磨粒沿同一圆周等距分布。

（2）加工工件材料各向同性，加工过程中被切除材料全部以切屑方式去除。

（3）超声振动在加工过程中保持稳定状态，即振幅、频率保持不变。

3.2　切向超声振动辅助磨削

取坐标系 xoy 与工件固联，则砂轮相对工件的运动由三部分组成：绕自身轴线以圆周速度 v_s 作等速圆周运动，相对工件沿 x 方向以 v_w 等速平移，以振幅 A 和频率 f 沿切向超声振动[图 3-1（a）]。为研究方便，假定工件初始振动方向沿 x 轴负向。工件的超声振动可近似为简谐正弦振动，其振动位移和振动速度方程分别为

$$x = A\sin(\omega t + \phi_0) \tag{3-1}$$

$$v_v = \frac{\mathrm{d}x}{\mathrm{d}t} = A\omega\cos(\omega t + \phi_0) \tag{3-2}$$

式中，ω 为砂轮超声振动的角频率，$\omega = 2\pi f$；ϕ_0 为砂轮超声振动的初相位。

3.2.1　砂轮—工件运动分析

不考虑砂轮的旋转速度 v_s，则砂轮相对工件的运动速度 $\bar{v}_r$ 为工件振动速度 v_v 和运动速度 $\bar{v}_w$ 的矢量和：

$$\bar{v}_r = v_v + \bar{v}_w = A\omega\cos(\omega t + \phi_0) + \bar{v}_w \tag{3-3}$$

3.2.1.1　砂轮—工件分离条件及有关参数计算

如图 3-2（b）所示，根据超声振动切削理论[61]，在相位 ωt_1 处工件开始远离砂轮并逐渐增大其间距；到相位 $\omega t_1'$ 处间距不再增加，工件开始接近砂轮，直到相位 ωt_2 处，工件重新和砂轮接触，即图 3-2（b）中的阴影部分为砂轮—工件分离阶段。因此，砂轮和工件存在分离状态的临界条件为：工件的进给速度 v_w 小于其最大振动速度 $v_{vmax}=A\omega$，即 $v_w < A\omega$。当 $v_w \geqslant A\omega$ 时，这种砂轮—工件分离状态不存在[如图 3-2（c）]。

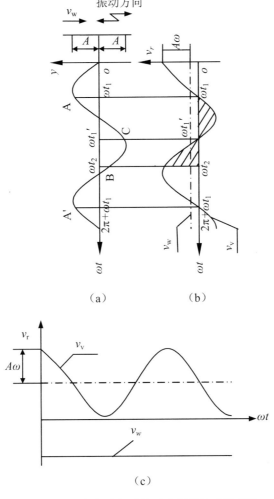

图 3-2　切向超声振动辅助磨削的运动原理图

为了方便计算，引入速度系数 K，

$$K = \frac{v_w}{A\omega} \tag{3-4}$$

（1）砂轮—工件开始分离的时刻 t_1 为

$$t_1 = \begin{cases} \dfrac{1}{\omega}\arccos(-K) & (\phi_0 = 0) \\[2mm] \dfrac{1}{\omega}[\arccos(-K) - \phi_0] & [0 < \phi_0 \leqslant \arccos(-K)] \\[2mm] \dfrac{1}{\omega}[2\pi + \arccos(-K) - \phi_0] & [\arccos(-K) < \phi_0 \leqslant 2\pi] \end{cases} \tag{3-5}$$

（2）砂轮—工件开始接触的时刻 t_2 由下式求解

$$K\omega t_2 + \sin(\omega t_2 + \phi_0) = K\omega t_1 + \sin(\omega t_1 + \phi_0) \tag{3-6}$$

3.2.1.2　砂轮相对工件运动轨迹

对于整个砂轮来讲，在相位区间 $[\omega t_2, 2\pi + \omega t_1]$ 内，砂轮相对工件水平移动的距离 x_m，以及在相位区间 $[\omega t_1, \omega t_2]$ 内，砂轮离开工件的最大距离 x_0 与速度系数 K 的关系曲线如图 3-3 所示。当 $K = 0.217$ 时，$x_m = x_0$；当 $K > 0.217$ 时，$x_m > x_0$。绘制砂轮相对工件的运动路线，如图 3-4 所示（粗实线表示砂轮与工件切屑接触时的前进路程，虚线表示往复熨压路线）。

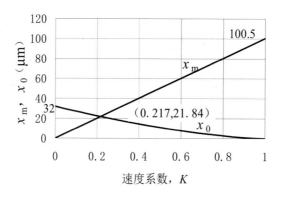

图 3-3　x_m、x_0 与速度系数 K 的关系曲线

由图 3-4 可以看出，超声振动辅助磨削过程中砂轮相对工件的运动是周期性的往复运动。加工表面在形成以后，又受到砂轮后退、再前进的往复熨压[78]作用，已加工表面被熨压的次数与 K 的取值有关。当 $K < 0.217$ 时，已加工表面被熨压的

次数大于 1；K=0.217 时，只被熨压一次；K>0.217 时，（x_m-x_0）部分的已加工表面将不会被熨压。砂轮的往复熨压作用有助于提高加工表面的质量；并且砂轮在后退、再前进的同时又作匀速转动，这对已加工表面起到打磨、清洁的作用，进一步提高加工表面质量。

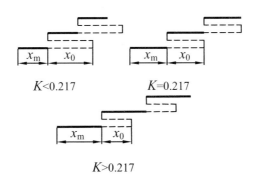

图 3-4　砂轮相对工件的运动轨迹

3.2.2　单颗磨粒—工件运动分析

在磨削过程中，工件加工表面的形成是砂轮表面磨粒切削刃共同作用的结果。每一个磨粒切削刃可近似为一把车刀，磨屑的形成是连续切削刃进行切削的结果。因而，有必要对砂轮表面单颗磨粒的切削过程进行研究。

3.2.2.1　切削过程分析及几何参数计算

如图 3-5 所示，取坐标系 xoy 与工件固联，假定在第 k 个振动周期内，砂轮表面一磨粒在 M 点与工件材料开始接触，到 M'点开始分离，定义该磨粒为 M。在接触—分离时间区间内，点 M 的运动可转化为：水平移动位移 Δx 后又绕 o'转过角度 φ_m。磨粒 M 在坐标系 xoy 中的运动方程式为，

$$\begin{cases} x = v_w t + A\sin\omega t + \dfrac{d_s}{2}\sin(\omega_s t) \\ y = \dfrac{d_s}{2}\cos(\omega_s t) \end{cases} \qquad (3\text{-}7)$$

式中，ω_s 为砂轮角速度，ω_s=2v_s/d_s。

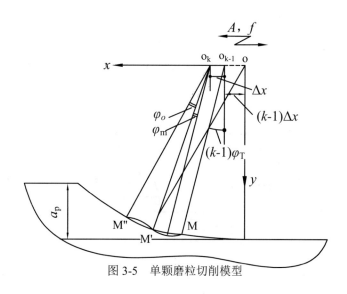

图 3-5 单颗磨粒切削模型

根据式（3-7）得出磨粒 M 在磨削区内的运动轨迹，如图 3-6 所示。与普通磨削相比，切向超声振动辅助磨削加工过程中，单颗磨粒的运动轨迹是呈周期性变化的曲线。

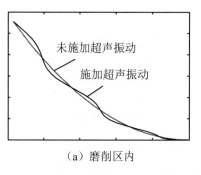

（a）磨削区内

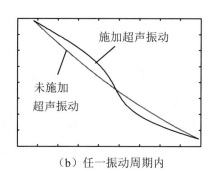

（b）任一振动周期内

图 3-6 单颗磨粒的运动轨迹

1. 单颗磨粒在磨削区内振动次数计算

磨粒 M 从开始切入工件到最终切出工件所需的时间 Δt 为

$$a_\mathrm{p} = \frac{d_\mathrm{s}}{2}(1 - \cos \omega_\mathrm{s} \Delta t)$$

其中，$\omega_\mathrm{s} \Delta t$ 很小，$\cos \omega_\mathrm{s} \Delta t \approx 1 - \frac{1}{2}(\omega_\mathrm{s} \Delta t)^2$，简化整理上式得：$a_\mathrm{p} = \frac{d_\mathrm{s}}{4}(\omega_\mathrm{s} \Delta t)^2$，

所以，$\Delta t = \dfrac{1}{v_s}\sqrt{a_p d_s}$，$a_p$ 为砂轮的磨削深度。

因而可得，

$$n = \frac{\Delta t}{T} = \frac{1}{v_s T}\sqrt{a_p d_s} \tag{3-8}$$

由此可见，单颗磨粒在磨削区内振动多次，因而可以形成多个切屑；而普通磨削只形成一个切屑。

2. 单颗磨粒切削弧长分析计算

根据式（3-7）得出单颗磨粒 M 的运动速度方程式

$$\begin{cases} v_{x'} = v_w + A\omega\cos\omega t + v_s\cos\omega_s t \\ v_{y'} = -v_s\sin\omega_s t \end{cases} \tag{3-9}$$

由图 3-6（a）可以看出：切向超声振动辅助磨削加工过程中，单颗磨粒的运动轨迹是呈周期性变化的曲线，其对称轴是相同加工条件下该磨粒在普通磨削过程中的运动弧线。在二分之一个振动磨削周期[$(k-1)T$，$(k-1)T+T/2$]，单颗磨粒的切削轨迹长度公式为：

$$l_{T/2} = \int_{(k-1)T}^{(k-1)T+T/2}\sqrt{v_{x'}^2 + v_{y'}^2}\,dt = \int_{(k-1)T}^{(k-1)T+T/2}\sqrt{\psi^2 + v_s^2 + 2v_s\psi\cos\omega_s t}\,dt \tag{3-10}$$

其中，$\psi = v_w + A\omega\cos\omega t$。

设 $A\omega\cos\omega t = v_{mean}$，将式（3-10）中的被积函数按牛顿二项式展开后，得到收敛迅速的三角级数，将 v_{mean} 代入式（3-10）后逐项积分得[79]

$$l_{T/2} = \sqrt{(v_w + v_{mean})^2 + v_s^2}\cdot\frac{T}{2} + \frac{v_s(v_w + v_{mean})}{\omega_s\sqrt{v_s^2 + (v_w + v_{mean})^2}}\sin\left(\frac{\omega_s T}{2}\right)$$
$$- \frac{v_s^2(v_w + v_{mean})^2}{4\omega_s\sqrt{[v_s^2 + (v_w + v_{mean})^2]^3}}\left[\frac{\omega_s T}{2} + \frac{1}{2}\sin\left(\frac{2\omega_s T}{2}\right)\right] + \cdots \tag{3-11}$$

式（3-11）中，（$\omega_s T$）角度很小，近似 $\sin(\omega_s T)\approx(\omega_s T)$，同时考虑到 $(v_w + v_{mean}) \ll v_s$，略去 $(v_w + v_{mean})$ 的二阶以上各项，并简化得

$$l_{T/2} = (v_s + v_w + v_{mean})T/2 = (v_s + v_w)T/2 + 2A \tag{3-12}$$

磨粒 M 在一个振动磨削周期中的切削路径长度 l_{gtT} 为：

$$l_{gtT} = 2l_{T/2} = (v_s + v_w)T + 4A \tag{3-13}$$

磨粒 M 在磨削区内所经过的路径长度为

$$l_{gtz} = n l_{gtT} = \frac{\sqrt{a_p d_s}}{v_s T}[(v_s + v_w)T + 4A] = \left(\frac{v_s + v_w}{v_s} + \frac{4A}{v_s T} \right) \sqrt{a_p d_s} \qquad (3\text{-}14)$$

磨削区内，单颗磨粒净磨削的切削路径长度 l_{gtm} 为：

$$l_{gtm} = \frac{t'_m}{T} l_{gtz} = \frac{t'_m}{T} \left(\frac{v_s + v_w}{v_s} + \frac{4A}{v_s T} \right) \sqrt{a_p d_s} \qquad (3\text{-}15)$$

普通磨削过程中，单颗磨粒在磨削区内所经过的路径长度公式为[80]

$$l = \left(\frac{v_s + v_w}{v_s} \right) \sqrt{a_p d_s} \qquad (3\text{-}16)$$

比较式（3-14）和式（3-16）可以看出：切向超声振动辅助磨削过程中，单颗磨粒在磨削区内所经过的路径长度长于普通磨削。

3. 单颗磨粒切削深度

图 3-7（a）为切向超声振动辅助磨削加工过程中磨屑的形成过程；图 3-7（b）为普通磨削加工过程中磨屑的形成过程。可以看出，在相同加工条件下，切向超声振动辅助磨削过程中单颗磨粒的切削深度更大。

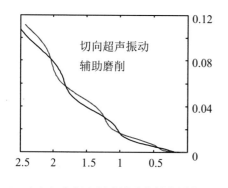
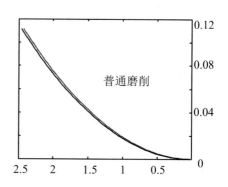

（a）切向超声振动辅助磨削磨屑的形成　　　（b）普通磨削磨屑的形成

图 3-7　不同加工方式下磨屑的形成

3.2.2.2　分离条件分析及相关参数计算

单颗磨粒与工件的分离是指磨粒在磨削区内时而进行切削、时而与工件分离、无材料切削，是宏观上连续、微观上呈断续状态的切削过程。

一对连续磨粒切削刃的切削状态如图 3-8 所示。初始时（$t=0$），磨粒 M 处于 P

点，到 t 时刻转过角度 $\omega_s t$ 并运动至 M 处，此时后续切削刃运动至 M'处。

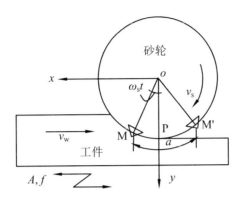

图 3-8 连续切削刃加工过程

磨粒 M 在坐标系 xoy 中的运动方程式为

$$\left.\begin{array}{l} x = v_w t + A\sin(\omega t + \varphi_0) + \dfrac{d_s}{2}\sin(\omega_s t) \\[3mm] y = \dfrac{d_s}{2}\cos(\omega_s t) \end{array}\right\} \qquad (3\text{-}17)$$

式中，φ_0 为磨粒 M 进入磨削区的振动初相位。

后续切削刃 M'在坐标系 xoy 中的运动方程式为

$$\left.\begin{array}{l} x' = v_w t + A\sin(\omega t + \varphi_0) + \dfrac{d_s}{2}\sin\omega_s\left(t - \dfrac{a}{v_s}\right) \\[3mm] y' = \dfrac{d_s}{2}\cos\omega_s\left(t - \dfrac{a}{v_s}\right) \end{array}\right\} \qquad (3\text{-}18)$$

式中，a 为砂轮表面连续切削刃间距，mm。

M'的运动过程可以转化为：砂轮沿 x 轴正向平移距离 av_w/v_s，振动至 a/v_s 时刻位移后，M'绕砂轮中心 O 转过角度 $2a/d_s$，开始磨削区的切削过程，即后续切削刃 M'在 xoy 坐标系的运动方程式（3-18）可转化为：

$$\left.\begin{array}{l} x' = v_w\left(t + \dfrac{a}{v_s}\right) + A\sin\left[\omega\left(t + \dfrac{a}{v_s}\right) + \varphi_0\right] + \dfrac{d_s}{2}\sin(\omega_s t) \\[3mm] y' = \dfrac{d_s}{2}\cos(\omega_s t) \end{array}\right\} \qquad (3\text{-}19)$$

推广到一般情况，第 i 个磨粒的运动方程式为

$$\left.\begin{array}{l} x_i = v_{\mathrm{w}}t + A\sin(\omega t + \varphi_0) + \dfrac{d_{\mathrm{s}}}{2}\sin\left[\omega_{\mathrm{s}}\left(t - \dfrac{ia}{v_{\mathrm{s}}}\right)\right] \\[3mm] y_i = \dfrac{d_{\mathrm{s}}}{2}\cos\left[\omega_{\mathrm{s}}\left(t - \dfrac{ia}{v_{\mathrm{s}}}\right)\right] \end{array}\right\} \qquad （3\text{-}20）$$

其后续切削刃 $i+1$ 磨粒的运动方程式可写为

$$\left.\begin{array}{l} x_i{}' = v_{\mathrm{w}}\left(t + \dfrac{a}{v_{\mathrm{s}}}\right) + A\sin\left[\omega\left(t + \dfrac{a}{v_{\mathrm{s}}}\right) + \varphi_0\right] + \dfrac{d_{\mathrm{s}}}{2}\sin\left[\omega_{\mathrm{s}}\left(t - \dfrac{ia}{v_{\mathrm{s}}}\right)\right] \\[3mm] y_i{}' = \dfrac{d_{\mathrm{s}}}{2}\cos\left[\omega_{\mathrm{s}}\left(t - \dfrac{ia}{v_{\mathrm{s}}}\right)\right] \end{array}\right\} \qquad （3\text{-}21）$$

取加工参数：v_{s}=18.3m/s，d_{s}=50mm，A=16μm，f=20kHz，φ_0=0，a=1mm。根据振动切削理论，具有分离特性的理论临界速度为 $v_1=A\omega$，实际加工过程中取 $v_{\mathrm{c}}=A\omega/3$。因而可以求得，当 v_{w}=670.2mm/s 时，单颗磨粒的切削过程中，应该与工件存在分离状态。然而，将这些参数代入式（3-17）和式（3-19），并用 Matlab 模拟 M 和 M' 的切削轨迹如图 3-9 所示。由图 3-9 可以看出，利用砂轮—工件分离条件求得的临界速度进行切向超声振动辅助磨削加工，单颗磨粒仍处于连续切削状态。因此，单颗磨粒与工件能否为分离型磨削过程不仅仅由振幅 A 和频率 f 决定。

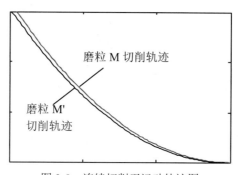

图 3-9　连续切削刃运动轨迹图

图 3-10 给出了超声振动辅助磨削加工过程中，单颗磨粒分离切削过程。图中，在 B 点磨粒 M' 开始切入工件，此时砂轮也刚好与工件接触，亦即后续切削刃 M' 切入工件的时刻与砂轮开始接触工件的时刻相吻合[图 3-2（a）中 B 点]；点 A' 对应的是砂轮开始远离工件的时刻[图 3-2（a）中 A' 点]，而此时磨粒 M' 正切入工件

最深处；点 C 对应的是磨粒 M'切出工件的时刻，此时砂轮正位于离工件最远处，亦即续切削刃 M'离开工件的时刻与砂轮距离工件最远的时刻相吻合[图 3-12（a）中 C 点]。由此可以得知，由于砂轮线速度的存在导致磨粒与工件的分离时刻滞后于砂轮开始远离工件的时刻。

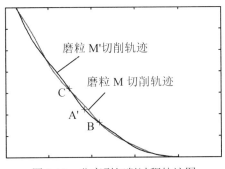

图 3-10 分离型切削过程轨迹图

1. 分离条件分析

超声振动辅助磨削加工为分离性加工过程的条件为：$x_i = x_i{}'$，即

$$v_{\mathrm{w}}t + A\sin(\omega t + \varphi_0) + \frac{d_{\mathrm{s}}}{2}\sin\left[\omega_{\mathrm{s}}\left(t - \frac{ia}{v_{\mathrm{s}}}\right)\right] =$$
$$v_{\mathrm{w}}\left(t + \frac{a}{v_{\mathrm{s}}}\right) + A\sin\left[\omega\left(t + \frac{a}{v_{\mathrm{s}}}\right) + \varphi_0\right] + \frac{d_{\mathrm{s}}}{2}\sin\left[\omega_{\mathrm{s}}\left(t - \frac{ia}{v_{\mathrm{s}}}\right)\right] \tag{3-22}$$

整理得，

$$2A\sin\frac{-a\omega}{2v_{\mathrm{s}}}\cdot\cos\left(\omega t + \varphi_0 + \frac{a\omega}{2v_{\mathrm{s}}}\right) = \frac{av_{\mathrm{w}}}{v_{\mathrm{s}}} \tag{3-23}$$

当各加工参数为定值时，式（3-23）可看作关于 t 的一元方程。若该方程无解，则表明不论如何设置各加工参数，连续切削刃的切削轨迹都不会有交点，即超声振动辅助磨削加工类似于传统的连续磨削过程。方程有解的条件为

$$\frac{av_{\mathrm{w}}}{v_{\mathrm{s}}} \leqslant \left|2A\sin\frac{a\omega}{2v_{\mathrm{s}}}\right| \tag{3-24}$$

所以，超声振动辅助磨削的理论临界速度为

$$v_l = 2A\frac{v_{\mathrm{s}}}{a}\left|\sin\frac{a\omega}{2v_{\mathrm{s}}}\right| \tag{3-25}$$

由此可以看出，切向超声振动辅助磨削的临界切削速度不仅与振幅 A 和频率 f 有关，与砂轮的线速度 v_s 和砂轮表面连续切削刃间隔 a 也有关。

由式（3-25）可得：当 $\dfrac{a\omega}{2v_s} = k\pi - \dfrac{\pi}{2}$ 时，$v_{l\max} = \dfrac{2}{(2k-1)\pi} \cdot A\omega$（$k=1,2,3,\cdots$）。

与振动切削的理论临界速度[61] $v_l = A\omega$ 相比，切向超声振动辅助磨削为分离型磨削过程的临界速度总是小于振动切削的临界速度。

式（3-25）的几点说明：

（1）连续切削刃间隔 a 的确定。由于砂轮表面磨粒分布的随机性，各连续切削刃之间的间隔不等，根据式 $a = w^2/b$（w 为砂轮表面磨粒平均间隔，b 为磨粒切痕宽度）按统计规律分析计算连续切削刃间隔 a，取其平均值。

（2）根据式（3-25），当连续切削刃间隔 $a=kv_sT$（$k=1,2,3,\cdots$）时，$v_l = 2A\dfrac{v_s}{a}\left|\sin(k\pi)\right| = 0$，即连续切削刃间隔 a 为振动波长的整数倍时，超声振动辅助磨削只能为连续磨削过程。因而，需要正确匹配 a、v_s 和 f 的取值，使 v_l 远离零点，以保证超声振动辅助磨削的分离特性。

（3）式（3-25）包含三角函数，a 和 v_s 的微小变化可能会引起 v_l 值很大的上下浮动。因此，实际加工过程中，根据式（3-25）计算得的临界速度只能保证部分磨粒在切削过程中存在分离状态。砂轮表面各磨粒突出尺寸不一致，为保证尽可能多的磨粒存在分离切削过程，取得良好的加工效果，工件进给速度取理论临界速度的三分之一，即切向超声振动辅助磨削为分离型磨削的实际临界切削速度为

$$v_c = \frac{2}{3} A \frac{v_s}{a} \left|\sin \frac{a\omega}{2v_s}\right| \tag{3-26}$$

讨论：由以上分析可知，切向超声振动辅助磨削过程中的分离特性与超声振动车削有着本质的不同。超声振动辅助磨削过程中，单颗磨粒与工件的分离是因为前后两连续切削刃的运动轨迹存在交点所致，但是这种分离状态的存在也需要满足一定的条件；超声振动车削过程中，刀具与工件的分离是其速度特性的真实体现。切向超声振动辅助磨削加工过程中，单颗磨粒在经过磨削区时与工件存在

分离过程，即在某一时刻部分磨粒与工件分离，仍有部分磨粒处于切削状态，因而，切向超声振动辅助磨削的分离状态是使同时参加切削的磨粒数量减少，整个砂轮完全离开工件的时间很短；而超声振动车削的分离过程是刀具与工件完全分离开。

2. 相关参数分析计算

磨粒与工件分离时刻 t_1' 可由式（3-23）得出：

$$t_1' = \frac{1}{\omega}\left[2k\pi - \arccos\left(-\frac{av_w}{2Av_s\sin\frac{\omega a}{2v_s}}\right) - \frac{\omega a}{2v_s} - \varphi_0\right]$$

磨粒切入工件的时刻 t_2 可由下式求出：

$$t_2 = \frac{1}{\omega}\left[2k\pi + \arccos\left(-\frac{av_w}{2Av_s\sin\frac{\omega a}{2v_s}}\right) - \frac{a\omega}{2v_s} - \varphi_0\right]$$

令 $F = \dfrac{av_w}{2Av_s\sin\dfrac{\omega a}{2v_s}}$ ，则有

$$t_1' = \frac{1}{\omega}\left[2k\pi - \arccos(-F) - \frac{a\omega}{2v_s} - \varphi_0\right] \tag{3-27}$$

$$t_2 = \frac{1}{\omega}\left[2k\pi + \arccos(-F) - \frac{a\omega}{2v_s} - \varphi_0\right] \tag{3-28}$$

式中，k 为正整数，$k = \zeta, \zeta+1, \zeta+2, \cdots$；

$\zeta = \text{int}\left(\dfrac{a\omega}{4\pi v_s}\right) + 1$（int 函数表示只进不舍取整数）。

在一个振动磨削周期内，单颗磨粒 M'的净磨削时间 t_m' 为：

$$t_m' = T - \frac{2}{\omega}\arccos(-F) \tag{3-29}$$

在一个振动磨削周期内，单颗磨粒 M'与工件处于分离状态的时间 t_0' 为：

$$t_0' = \frac{2}{\omega}\arccos(-F) \tag{3-30}$$

3.2.2.3 连续切削刃运动轨迹仿真及相关参数计算编程

通过 VB 与 Matlab 混合编程[81,94]对连续切削刃的运动轨迹进行仿真，输入磨削工艺参数可以得到两连续切削刃的运动轨迹关系图，其仿真界面如图 3-11 所示。在图 3-11 所示的界面文本框中输入实际加工过程中采用的加工工艺参数，进行单位换算后，即可直接绘制出一对连续切削刃的运动轨迹图。通过分析运动轨迹图，可以方便地判断出单颗磨粒的切削过程及在不同时刻的切削状态。

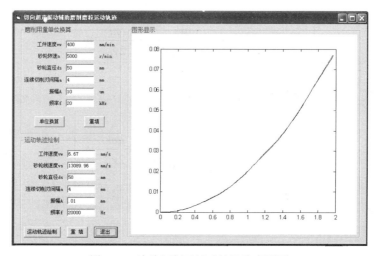

图 3-11　连续切削刃运动轨迹仿真界面

切向超声振动辅助磨削加工过程中，各相关参数的计算公式形式比较复杂，因而计算过程繁琐。为方便计算所需参数，采用编程语言 VB 编制了计算软件，其界面如图 3-12 所示。通过该软件，只需输入采用的加工工艺参数即可直接计算出分离临界切削速度 v_l，分离时刻 t_1'，接触时刻 t_2、净磨削时间 t_m' 等各项参数。

3.2.2.4 分离条件试验验证

超声振动辅助加工有许多优点，降低磨削力是其中之一。为验证分离型磨削过程临界条件理论分析的正确性，对 45# 钢分别进行普通磨削和切向超声振动辅助磨削，观察磨削力的变化。当超声振动辅助磨削为连续磨削过程时，其磨削力接近于普通磨削的磨削力。

1. 试验方案

本试验在 ACE-V500 立式加工中心上进行，主轴最高转速为 9000r/min；超声

振动装置选用 CSF27 型超声发生器,最大输出功率为 150W;采用 KISTLER 9257A
型三向压电晶体测力仪、电荷放大器、AZ208R 采集板等测量磨削力,磨削力信
号使用 CRAS V6.1 信号采集与分析系统软件进行处理;试验前测定超声振动幅值
A;采用示波器测定超声振动频率 f。

图 3-12 加工过程各参数计算界面

试验设备如图 3-13 所示,工装系统如图 3-14 所示。磨削力测定试验原理如
图 3-15 所示。

图 3-13 试验设备外形图

图 3-14 工装系统图

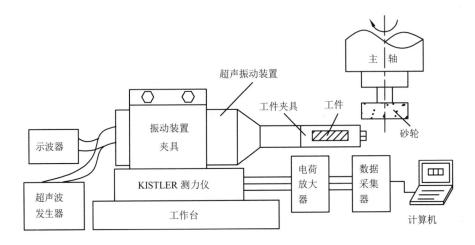

图 3-15 磨削力测定试验原理图

试验过程中，打开超声波发生器为超声振动辅助磨削，关闭超声波发生器则为普通磨削。为了保证数据的正确性，每次试验进行 3 次，取其平均值。

设定加工参数，根据式（3-25）计算理论临界速度 v_l=1612.4mm/min（a=1mm），设计试验方案见表 3-1 和表 3-2。

表 3-1 切向超声振动辅助磨削力测定试验方案

磨削方法	切向超声振动辅助磨削，工件振动，干磨
砂轮	粒度 140#，金属结合剂 CBN 砂轮，浓度 100%，ϕ50mm
工件	45# 钢 20×15×5（mm）

续表

磨削方法	切向超声振动辅助磨削，工件振动，干磨
砂轮速度 v_s	v_s=10.5m/s
磨削深度 a_p	a_p=15μm
工件进给速度 v_w	v_w=50、100、250、500、650，900、1200、1600、1900mm/min
振幅 A	A=4μm
频率 f	f=22.1kHz

表 3-2　普通磨削力测定试验方案

磨削方法	普通磨削，干磨
砂轮	粒度 140#，浓度 100%，ϕ50mm
工件	45#钢 20×15×5（mm）
砂轮速度 v_s	v_s=10.5m/s
磨削深度 a_p	a_p=15μm
工件进给速度 v_w	v_w=100、350、700、1000、1500、1700、2000mm/min

2. 试验结果及分析

磨削力是磨削过程的重要参数之一，可以分解为相互垂直的三个分力：沿砂轮切向的切向磨削力 F_t，沿砂轮径向的法向磨削力 F_n 及沿砂轮轴向的轴向磨削力 F_a。在一般的磨削加工中，轴向力 F_a 很小，可以忽略不计。本试验分别采用普通磨削和切向超声振动辅助磨削加工方法对 45#钢进行加工，测得的各磨削力分量随工件速度变化趋势如图 3-16（a）、（b）所示。如图 3-17 给出了工件速度对总磨削力的影响。

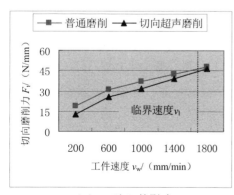

（a）v_w 对 F_t 的影响

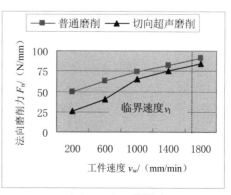

（b）v_w 对 F_n 的影响

图 3-16　工件速度对磨削分力的影响

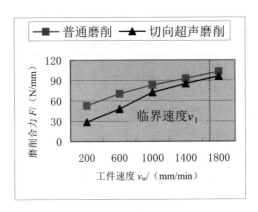

图 3-17　工件速度对磨削力的影响

切向磨削力主要来源于切屑变形抗力和弹性摩擦挤压过程中的摩擦力。由图 3-16（a）可以看出，超声振动辅助磨削时切向磨削力 F_t 的值低于普通磨削，但是相差不大。这是因为，尽管单颗磨粒分离切削过程的存在使同时参与切削的磨粒数目减少，而且超声振动的引入使摩擦力降低，但是由于超声振动的引入使磨粒的平均切削深度增加，从而导致切向磨削力降低不明显，并且在临界速度附近接近普通磨削时的切向磨削力。

法向磨削力主要来源于材料对磨粒切入的抵抗力以及切屑的变形。由图 3-16（b）可以看出，在工件速度较低时，超声振动的引入使法向磨削力明显减小，随着工件速度的增加，两种加工方式下的法向磨削力逐渐接近，在临界速度附近二者相差最小。工件施加超声振动，法向磨削力降低的原因包括两个方面：一是单颗磨粒分离切削过程的存在使同时参与切削的磨粒数目减少；二是由于工件超声振动，根据等效硬度特性，工件材料会软化，使得磨粒易于切入。在临界速度附近，法向磨削力仍存在一定差值，这是工件材料软化效应的结果。

在两种加工方式下，磨削合力随工件速度的增加而上升并且逐渐趋于一致（图 3-17）。

根据上述分析可知，在临界速度附近，两种加工方式下的磨削力趋于一致，即超声振动辅助磨削过程中单颗磨粒的分离状态不存在，加工过程类似于普通连续磨削，证明分离临界条件理论分析的正确性。

3.3 轴向超声振动辅助磨削

图 3-18 给出了轴向超声振动辅助磨削模型。可以看出，砂轮上单颗磨粒的运动是三种运动的合成：绕砂轮轴线以线速度 v_s 作等速圆周运动，相对工件以 v_w 等速平移，以振幅 A 和频率 f 沿砂轮轴向超声振动。其运动简图如图 3-1（b）所示。

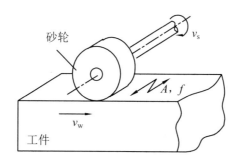

图 3-18 轴向超声振动辅助磨削模型

3.3.1 单颗磨粒切削过程与几何参数分析计算

取坐标系 xoy 与工件固联，x 轴为普通磨削过程中单颗磨粒运动轨迹[95]，y 轴沿砂轮轴线方向，如图 3-19 所示。

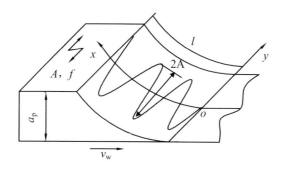

图 3-19 轴向超声振动单颗磨粒运动轨迹图

3.3.1.1 单颗磨粒切削路径长度

根据简谐振动的运动特点，单颗磨粒在 xoy 坐标系的运动方程式为

$$\begin{cases} x = (v_s + v_w)t \\ y = A\sin(\omega t + \phi_0) \end{cases} \tag{3-31}$$

整理得，

$$y = A\sin\left(\omega \frac{x}{v_s + v_w} + \phi_0\right) = A\sin\left(\frac{2\pi f x}{v_s + v_w} + \phi_0\right) \tag{3-32}$$

根据式（3-32），单颗磨粒的运动路线为三角函数曲线，如图 3-19 所示，其单边振幅为 A，一个周期对应的 x 值为 $(v_s + v_w)/f$。图 3-19 中，l 为普通磨削接触弧长，其长度为 $l = (v_s + v_w)\Delta t$。轴向超声振动辅助磨削过程中，单颗磨粒在磨削区的运动路线长度为

$$l_g = \int_0^l \sqrt{1 + (\mathrm{d}y/\mathrm{d}x)^2}\,\mathrm{d}x = \int_0^l \sqrt{1 + \left[\frac{2A\pi f}{v_s + v_w}\cos\left(\frac{2\pi f}{v_s + v_w}x + \phi_0\right)\right]^2}\,\mathrm{d}x \tag{3-33}$$

由上述分析可知，单颗磨粒在轴向超声振动辅助磨削过程中的运动路线比普通磨削长。

3.3.1.2 单颗磨粒切削模型

砂轮表面随机分布大量磨粒，在磨削区进行磨削加工的所有磨粒都会形成图 3-19 所示的正弦曲线。这些曲线相互交错，在工件加工表面形成网状条纹。因而，单颗磨粒的切削路径会被其他磨粒截断而得到更短的磨屑，从而提高加工表面质量。

图 3-20 给出了单颗磨粒的切削模型。与单颗磨粒普通磨削加工沟槽相比，轴向超声振动辅助磨削过程中，单颗磨粒的切削深度与普通磨削的相同，但是切削沟槽比普通磨削宽，最大宽至一个振幅 A，这是轴向超声振动辅助磨削材料去除率提高的一个原因。

3.3.1.3 平均切屑断面积 A_m

在普通磨削过程中，假定砂轮的磨削宽度为 b。磨削深度 a_p，工件进给速度 v_w 及砂轮圆周速度 v_s 与工件是否作超声振动无关。单位时间内去除材料的体积 V 为：$V = a_p b v_w$。

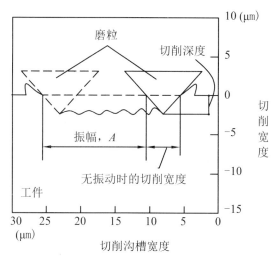

图 3-20 单颗磨粒切削模型

假定砂轮表面动态磨粒分布密度为 N_{ds}，则单位时间内通过磨削区的动态磨粒数为 $N = N_{ds}b(v_s + v_w)$。因而可得，单位时间内单颗磨粒的材料去除量 V_g 为

$$V_g = \frac{V}{N} = \frac{a_p v_w}{N_{ds}(v_s + v_w)} \tag{3-34}$$

根据式（3-33）和式（3-34）可得单颗磨粒平均切屑断面面积 A_m 为

$$A_m = \frac{V_g}{l_g} = \frac{a_p v_w}{N_{ds}(v_s + v_w)} \bigg/ \int_0^l \sqrt{1 + \left[\frac{2\pi A f}{v_s + v_w}\cos\left(\frac{2\pi f}{v_s + v_w}x\right)\right]^2}\,\mathrm{d}x \tag{3-35}$$

普通磨削过程中，单颗磨粒的平均切屑断面面积 A'_m 为

$$A'_m = \frac{a_p v_w}{N_{ds}(v_s + v_w)} \bigg/ l \tag{3-36}$$

比较式（3-35）和式（3-36）得出以下结论：在普通磨削和轴向超声振动辅助磨削两种加工方式下，当磨削用量、加工工具及加工条件完全一致时，$A'_m > A_m$。因而可知，轴向超声振动的引入使平均切屑断面面积减小，可以得到更细小的切屑。

3.3.2 轴向超声振动辅助磨削临界速度

图 3-21 给出了超声振动辅助内圆磨削的运动简图。图中，工件以速度 v_a 向右进给，以 v_w 做匀速转动，同时沿砂轮轴向以振幅 A 和频率 f 作超声振动；砂轮以

线速度 v_s 匀速转动。在加工过程中,磨粒与工件不存在分离状态,为永久接触型加工过程,但与传统的连续磨削过程又不完全相同。由于沿轴向的超声振动,磨粒的切削速度是变化的,如图 3-22 所示。图 3-22(a)和(b)给出了工件分别向左和向右振动时,单颗磨粒复合速度的变化情况(大小、方向)。因此,当工件的进给速度 v_a 小于振动速度 v_f 时,单颗磨粒只有一个面与工件材料接触。

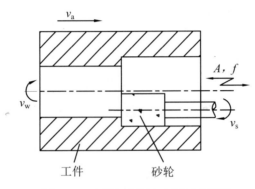

图 3-21　内圆超声振动磨削运动简图

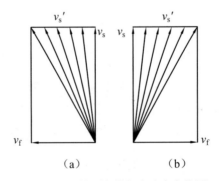

图 3-22　单颗磨粒复合速度变化图

　　轴向超声振动辅助磨削为接触性磨削,不存在磨粒与工件分离的状态,其临界速度与分离型振动切削不同。其定义为:当往复进给速度小于轴向振动速度时,磨粒在前进方向与磨削沟槽的一侧产生分离现象,该速度为轴向振动磨削的临界速度,即

$$v_a \leqslant v_f = A\omega\cos\omega t \tag{3-37}$$

最大临界速度为

$$v_a = A\omega \tag{3-38}$$

轴向超声振动辅助磨削加工过程中，磨粒与工件接触面积减小，这有利于磨削热量的散发。

3.4 径向超声振动辅助磨削

取坐标系 xoy 与工件固联，则单颗磨粒相对工件的运动由三部分组成：绕砂轮轴线以线速度 v_s 作等速圆周运动，相对工件沿 x 方向以 v_w 等速平移，以振幅 A 和频率 f 沿砂轮径向超声振动[图 3-1（c）]。为研究方便，假定工件开始振动方向沿 y 轴正向。

为分析切削几何，假定磨粒沿砂轮圆周方向以间隔 a 均匀排列。普通磨削过程中，单颗磨粒转过相邻连续切刃间隔所用的时间为 a/v_s。

3.4.1 砂轮—工件运动分析

在径向超声振动辅助磨削过程中，砂轮与工件的相对位置关系如图 3-23 所示。由图 3-23（c）可以看出，只要超声振动振幅 A 大于磨削深度 a_p，砂轮与工件加工表面会存在分离过程；否则，加工过程中，砂轮和工件始终处于接触状态。尽管如此，单颗磨粒在磨削区内的切削过程与普通磨削不尽相同。

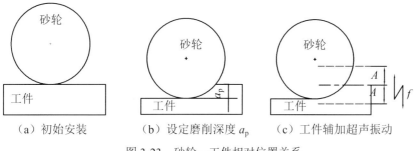

（a）初始安装　　　（b）设定磨削深度 a_p　　　（c）工件辅加超声振动

图 3-23　砂轮—工件相对位置关系

3.4.2 单颗磨粒—工件运动分析

单颗磨粒在磨削区的运动方程式为：

$$\begin{cases} x = v_{\mathrm{w}}t + \dfrac{d_{\mathrm{s}}}{2}\sin\omega_{\mathrm{s}}t \\ y = \dfrac{d_{\mathrm{s}}}{2} - \dfrac{d_{\mathrm{s}}}{2}\cos\omega_{\mathrm{s}}t - A\sin(\omega t + \varphi_0) \end{cases} \tag{3-39}$$

后续切削刃在磨削区的运动方程式为

$$\begin{cases} x = v_{\mathrm{w}}t + \dfrac{d_{\mathrm{s}}}{2}\sin\omega_{\mathrm{s}}\left(t - \dfrac{a}{v_{\mathrm{s}}}\right) \\ y = \dfrac{d_{\mathrm{s}}}{2} - \dfrac{d_{\mathrm{s}}}{2}\cos\omega_{\mathrm{s}}\left(t - \dfrac{a}{v_{\mathrm{s}}}\right) - A\sin(\omega t + \varphi_0) \end{cases} \tag{3-40}$$

转化为

$$\begin{cases} x = v_{\mathrm{w}}\left(t + \dfrac{a}{v_{\mathrm{s}}}\right) + \dfrac{d_{\mathrm{s}}}{2}\sin\omega_{\mathrm{s}}t \\ y = \dfrac{d_{\mathrm{s}}}{2} - \dfrac{d_{\mathrm{s}}}{2}\cos\omega_{\mathrm{s}}t - A\sin\left[\left(t + \dfrac{a}{v_{\mathrm{s}}}\right) + \varphi_0\right] \end{cases} \tag{3-41}$$

根据式（3-39），用 Matlab 模拟单颗磨粒的运动轨迹如图 3-24 所示。

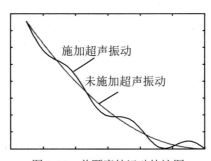

图 3-24　单颗磨粒运动轨迹图

3.4.2.1　单颗磨粒切削弧长分析计算

由图 3-24 可看出，径向超声振动辅助磨削过程中，单颗磨粒的运动轨迹是以普通磨削运动轨迹为对称轴的周期性变化的曲线。

坐标系转化：将单颗磨粒的运动路径从 *xoy* 直角坐标转换到 *roy* 平面（如图 3-25 所示），坐标轴 *r* 为普通磨削时单颗磨粒的运动轨迹，$r = (v_{\mathrm{s}} + v_{\mathrm{w}})t$。

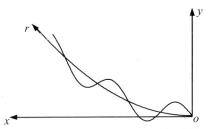

图 3-25　单颗磨粒运动路径的坐标系转化

在 roy 坐标平面内，单颗磨粒运动方程式为

$$y = \frac{d_s}{2} - \frac{d_s}{2} \cdot \cos \frac{\omega_s r}{v_s + v_w} - A \sin\left(\frac{\omega r}{v_s + v_w} + \phi_0 \right) \qquad (3\text{-}42)$$

这样，单颗磨粒在磨削区的运动路径长度 l_{gn} 为：

$$l_{gn} = \int_0^l \sqrt{1 + (dy/dr)^2}\, dr$$

$$= \int_0^l \sqrt{1 + \left(\frac{v_s}{v_s + v_w} \sin \frac{\omega_s r}{v_s + v_w} - \frac{A\omega}{v_s + v_w} \cos \frac{\omega r}{v_s + v_w} \right)^2}\, dr \qquad (3\text{-}43)$$

式中，l 为单颗磨粒普通磨削时的切削弧长。

显然，在径向超声振动辅助磨削过程中，单颗磨粒的运动路径长度比普通磨削的长。

3.4.2.2　分离条件分析

根据单颗磨粒的运动轨迹可以看出，砂轮表面各磨粒在磨削表面所留下的磨削痕迹是波浪形曲线，因而工件加工表面为凹凸不平的波浪形曲面。根据表面微细沟槽自成机理[96]，只要后续切削刃的最小切削深度不低于磨削沟槽底部，该加工过程即为分离型磨削过程，磨粒时而去除材料，时而无材料去除，从而使脉冲型的作用力作用到各个磨粒上。同时，超声振动附加的切削刃锋利化机理使磨削力降低，并且可以提高材料去除率。

然而，当后续切削刃的最小切削深度低于磨削沟槽底部时，磨粒的切削过程不存在分离特性，径向超声振动辅助磨削成为连续磨削过程，但是与普通磨削有一定区别。通过 VB 与 Matlab 混合编程对连续切削刃的运动轨迹进行仿真，输入不同磨削工艺参数可以得到一对连续切削刃的运动轨迹关系图，从而定性的判断超声振动磨削为分离型磨削过程的影响因素；并且，可以据此选择合理的磨削工艺参数，使超声振动磨削为分离型加工过程，充分发挥超声振动在磨削过程中降低磨削力和磨削温度，提高材料去除率的作用。其仿真界面如图3-26所示。

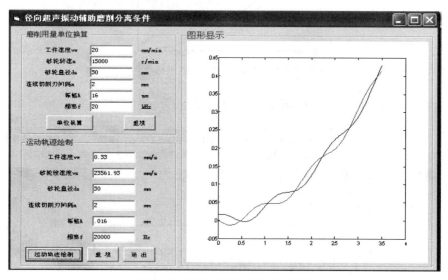

图 3-26　连续切削刃运动仿真界面

其他参数不变，提高工件进给速度 v_w 或降低振幅 A 时，一对连续切削刃的相对运动关系如图3-27（a）所示；改变连续切削刃间隔 a 时，其相对运动关系如图3-27（b）所示。

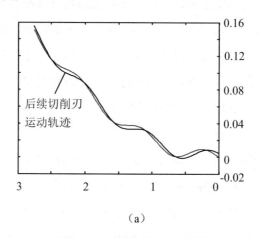

（a）

图 3-27　连续切削刃运动轨迹

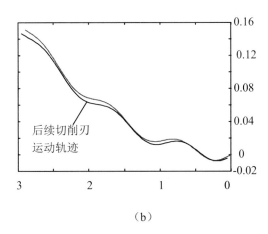

（b）

图 3-27　连续切削刃运动轨迹（续图）

由图 3-27 可以看出，径向超声振动辅助磨削能否成为分离型磨削过程与工件进给速度 v_w、振幅 A 和砂轮表面连续切削刃间隔 a 有关。并且，当连续切削刃间隔 a 为超声振动波长的整数倍时，不论如何匹配磨削工艺参数，径向超声振动辅助磨削只能为连续磨削过程。

3.5　小结

对工件沿砂轮切向、轴向和径向超声振动时，超声振动辅助磨削加工过程的运动学特性进行了分析。研究了砂轮表面单颗磨粒相对工件的运动特点、运动轨迹，并对相关几何参数进行了分析计算；对三种加工方式下，单颗磨粒与工件分离的临界条件进行了分析；证明单颗磨粒与工件分离时刻滞后于砂轮开始远离工件的时刻。通过对超声振动辅助磨削加工的运动特性分析，得出以下结论：

（1）三种超声振动辅助磨削加工方式下，单颗磨粒的运动路径长度均大于普通磨削时的运动路径长度。由于切向和径向超声振动辅助磨削加工过程存在分离状态，因而单颗磨粒实际参与切削的弧长不一定大于普通磨削的切削弧长；轴向超声振动辅助磨削加工过程属于永久接触型磨削，单颗磨粒的实际切削弧长大于普通磨削的切削弧长。

（2）切向超声振动辅助磨削过程中，砂轮对工件具有往复熨压作用；单颗磨

粒与工件分离的临界速度不仅与振幅 A 和频率 f 有关，与砂轮线速度 v_s 和连续切削刃间隔 a 也有关；存在分离状态的临界条件为：$v_1 = 2A \dfrac{v_s}{a} \left| \sin \dfrac{a\omega}{2v_s} \right|$；当连续切削刃间隔 a 为振动波长的整数倍时，切向超声振动辅助磨削只能为连续磨削过程；单颗磨粒与工件分离的时刻滞后于砂轮开始远离工件的时刻；磨削力试验结果证明了理论分析的正确性。

（3）轴向超声振动辅助磨削过程中，单颗磨粒的切削深度与普通磨削相同，而切削沟槽比普通磨削宽；在相同加工条件下，平均切屑断面面积比普通磨削小；内圆超声振动辅助磨削加工时，磨粒一侧面与切削沟槽分离的临界速度为：$v_a < A\omega$。

（4）径向超声振动辅助磨削过程中，只要超声振动振幅 A 大于磨削深度 a_p，砂轮与工件加工表面存在分离过程；合理选择磨削用量，单颗磨粒与工件也会存在分离状态；然而，当连续切削刃间隔 a 为振动波长的整数倍时，不论如何匹配磨削工艺参数，径向超声振动辅助磨削只能为连续磨削过程。

第4章　超声振动辅助磨削加工磨削力研究

磨削力是表征磨削过程的重要参数，是磨削过程中的主要研究对象之一，其影响因素和作用效应一直是人们所关注的问题。磨削力主要来源于工件与砂轮接触引起的弹性变形、塑性变形、切削变形以及磨粒和结合剂与工件之间的摩擦作用。磨削力的大小影响磨削系统的变形，是产生磨削热及磨削振动的主要原因，直接影响到加工工件的最终表面质量和精度。控制磨削力（主要是法向磨削力）是控制硬脆性材料加工裂纹产生及边界崩裂现象的有效手段之一。在磨削过程中，磨削力的大小不但可以反映出整个磨削过程中砂轮与工件之间的相互干涉过程，评价磨削效果的好坏，还可以在一定程度上预测加工表面质量及加工变质层深度[101,102]。因此，有必要对磨削过程中产生的磨削力进行系统研究，这是进一步揭示磨削机理、合理解释磨削中的各种物理现象，以及选择适当磨削用量的前提条件。磨削力的研究在硬脆性材料磨削加工中有着重要的理论价值和实际意义。

对于磨削研究，常用的方法大致分为两种：一种是从宏观的角度出发进行研究，将砂轮看做一个整体，通过砂轮磨削试验来研究磨削加工力、磨削加工温度、磨削加工表面质量等；一种是从微观的角度出发进行研究，将磨削过程看作为砂轮表面大量离散分布的、形状不规则的磨粒共同进行加工而完成的切削过程[99]，对单颗磨粒的微观切削加工过程进行分析研究，再将单颗磨粒的切削加工过程在磨削加工区域进行集成综合分析，就可以对宏观磨削加工过程进行分析研究。

单颗粒磨削主要用于研究磨削加工过程中材料的去除机理、磨削加工力、工件表面质量、磨粒的磨损等，是研究磨削过程的重要方法之一[100]。根据单颗磨粒与被加工工件相对运动方式的不同，常见的单颗磨粒切削方法有：钟摆法和划擦法。其中根据划擦法中划擦轨迹的不同又可以分为：球-盘划擦法、直线划擦法和斜楔划擦法。试验原理分别如图4-1（a）、（b）、（c）、（d）所示。

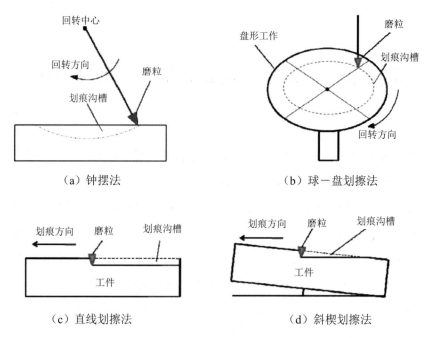

图 4-1　常见的单颗磨粒切削试验原理

（1）钟摆划擦法。如图 4-1（a）所示，通过一定的方式将单颗磨粒固定在摆杆顶端或者法兰盘圆周上，绕着回转中心转动，磨粒以一定的线速度切削工件，伴随着磨粒的划擦、犁耕、切削过程，最终在工件表面形成深度变化的划痕。

（2）球－盘划擦法。如图 4-1（b）所示，该方法一般在专用的球－盘式摩擦机上进行。磨粒固定在贴有应变片的悬臂上，可以实时测出单颗磨粒与被加工工件之间的摩擦力，这种方法主要用于研究磨削过程中工件与磨粒间的摩擦系数。

（3）直线划擦法。如图 4-1（c）所示，直线划擦法使用专用的划痕实验机进行。一次实验只能在工件上划出固定深度的直线划痕，并且划痕的长度比较短，单颗磨粒的磨损量较小，不利于研究磨粒的磨损。

（4）斜楔划擦法。如图 4-1（d）所示，工件为楔形或者通过垫块使工件一端升高，在磨削过程中单颗磨粒的切削深度逐渐增大，这种方法可以用于磨粒单颗磨粒切入和切出工件时的切削深度变化过程。

英国哈德斯菲尔德大学的 Tahsin Tecellio、XunChen[105]等人使用 CBN 磨粒对 En24T 钢进行了单颗磨粒划痕试验。试验发现单颗磨粒切削刃的形状对划擦、犁耕和切削过程影响很大。通过对单刃磨粒和多刃磨粒的划痕试验结果进行比较，发现单刃磨粒切削效率更高，在多刃磨粒的划痕测试中，犁耕现象所占的比重更大。另外，对于单一的划痕，划痕切入处的材料去除比切出处的更为显著。

日本熊本大学的 T.Matsuo 等人[106]在自行研制的试验装置上进行了单颗磨粒划擦、切削试验，对磨粒形貌对切削力和塑性隆起的影响进行了研究。试验中选用的磨粒为粒度是 14/20 的 CBN 磨粒和金刚石磨粒，工件材料为钢和氧化铝。试验结果表明：磨削力与磨屑面积呈正相关，并且曲线的斜率随着磨粒顶角的增大而增大；磨粒切削刃的方向决定了切削力的大小和塑性隆起的大小。Y.Ohbuchi[107]采用不同负前角的磨粒对 S50C 钢进行了正交切削试验，并在试验过程中测量了切向磨削力和法向磨削力。磨粒的负前角分别为 −45°、−60°、−75°，磨粒材料为 CBN 和金刚石（粒度为 20/24）。从试验结果中可以看出，CBN 磨粒和金刚石磨粒的磨削力差别很大，金刚石磨粒的切向磨削力大于 CBN 磨粒的切向磨削力；磨粒前角大小对法向磨削力的影响程度大于对切向磨削力的影响程度，并且法向磨削力随着磨粒负前角的增大而增大，在 S50C 钢的磨削表面观察到塑性变形层。

法国的 Matthieu 等人通过调整车刀的安装角度来实现 −45° 的前角，以此代替单颗磨粒进行划擦试验。试验结果表面：划痕的微观形貌与理论分析的情形比较一致，划擦过程中材料基本以磨屑的形式去除；单颗磨粒的磨削力与最大切削深度呈正相关，随着磨削速度的增大，磨削力先呈降低趋势随后呈增加趋势；由于磨削速度的增大导致了材料发生了加工硬化，因此磨削比能随着磨削速度的增大而增大。

德国不莱梅大学的 E.Brinksmeier[109]采用单颗磨粒划擦的方法对磨削速度较低时淬火钢的磨屑形成机理进行了深入的研究，研究结果表明：划擦过程中磨屑的形成机理和磨削加工中的相同，在较低的磨削速度和较小的磨屑深度条件下，材料的塑性变形主要变现为隆起，在较高的磨削速度和较大的磨屑深度下，材料的塑性变形主要变现为切削，此时更容易形成磨屑。

东京工业大学的 Zhang Bi[110]等人进行了单颗金刚石磨粒划擦氧化铝试验，对氧化铝工件表面的破碎情况进行了分析研究。试验中分布选用顶锥角为 65°、85°、

108°、128°的金刚石磨粒。试验结果表明：在划擦深度逐渐增大的过程中，可以观察到材料的变形依次表现为塑性变形、碎片状破碎、切屑形成；随着切削深度的增大，裂纹的扩展深度逐渐增大，隆起的高度逐渐减小。

西北工业大学的黄奇、任敬心[111]等人通过理论分析与试验，对磨粒的切削过程、钛合金的黏附现象、磨削表面特征以及磨粒的磨损特性进行了深入研究，试验中选用的磨粒材料为碳化硅、CBN、碳化钨。试验结果表明：在三种磨粒磨削钛合金过程中均可以观察到锯齿状的磨屑；对于磨削加工钛合金，CBN 磨粒在这三种磨粒中更具有优势。

华侨大学的林思煌等[112]对普通玻璃进行了单颗金刚石磨粒的划擦试验，实验结果表明：当切削深度较小时，划痕的宽度与理论分析的宽度有一定的偏差；随着切削深度的增大，二者之间的偏差逐渐缩小并趋于恒定；随着划痕长度的增大，磨粒出现一定程度的磨损，磨削力呈增加的趋势。

东北大学的冯宝富[103,113-114]进行了高速条件下单颗磨粒的磨削试验。试验所采用的磨粒材料为 YT15 和锆刚玉，工件材料分别为 45#钢、20Cr、钛合金 TC4 和高温合金 GH169。试验及研究结果表明：磨削比能随着砂轮线速度的增大而降低；尺寸效应在四种材料的高速磨削中都有所表现；钛合金 TC4 和高温合金 GH169 砂轮易发生堵塞，砂轮转速的增大对黏附现象有所减轻；在高速作用下，材料的比熔化能高于磨削比能。在 45#钢和 20Cr 的单颗磨粒试验中，对沟槽的形态、面积去除比率、切屑形态、磨削火花、速度和磨削截面积与磨削力的关系进行了深入的研究。

大连理工大学的韦秋宁[115]等人通过单颗金刚石磨粒的磨削试验，对金刚石磨粒切削单晶硅时的脆性—延性的转变过程进行了研究，分析了金刚石磨粒切削刃形状、晶体方向等对单晶硅材料脆性—延性转变的影响规律，研究了单晶硅的临界切削深度。

齐蔚华[116]等人对单颗金刚石磨粒的磨削过程进行了简化并建立了其模型，对其磨削机理进行了仿真研究。基于该模型，利用有限元软件对不同磨削条件下的磨削过程进行了仿真研究，得到了砂轮线速度、磨削深度对工件应力及磨削力的影响规律。根据磨削过程中玻璃的变形规律，对磨削过程的工艺参数进行了优化，使针对磨削过程的研究更加简单、快捷、高效。

湖南大学的言兰[117]利用白光干涉仪对砂轮形貌进行了测量,在此基础上建立了砂轮表面模型;通过球—盘划擦试验对单颗磨粒切削模型进行了验证;通过正交试验对材料变形、临界深度、磨削力比等进行了仿真分析;根据氧化铝砂轮磨削 AISID2 钢的试验数据建立了磨削力经验公式;通过对单颗磨粒切削机理的研究,分析了磨削参数、砂轮状态与表面质量的内在关系,对提高磨削表面质量和优化磨削参数有重要意义。

本章从单颗磨粒(简化模型)的切削过程出发,建立普通磨削与切向、轴向和径向超声振动辅助磨削的磨削力数学模型,对各种加工方式下的磨削力特性进行试验研究,并进行分析比较。

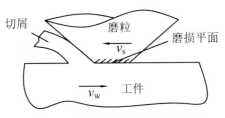

图 4-2　单颗磨粒生成磨屑示意图

G. Werner、S. Malkin、N. H. Cook 以及李力钧等[118-124]在建立磨削力数学模型时,把磨削力分成切屑变形力和摩擦力两项。根据他们的分析,磨削力可写成如下形式:

$$\begin{cases} F_{\mathrm{t}} = F_{\mathrm{tc}} + F_{\mathrm{ts}} \\ F_{\mathrm{n}} = F_{\mathrm{nc}} + F_{\mathrm{ns}} \end{cases} \tag{4-1}$$

式中,F_{t}、F_{n} 为法向和切向磨削力;F_{tc}、F_{nc} 是由于切削变形引起的切向力和法向力;F_{ts}、F_{ns} 是由于滑擦引起的切向力和法向力。作为一个典型磨粒的情况如图 4-2 所示。

下面从切削变形力和摩擦力两个方面对各种加工方式下的磨削力模型进行理论与试验研究。

4.1　磨削力数学模型

现有磨削力计算公式大体上可分为三类[10]，一类是根据因次解析法建立的磨削力计算公式；一类是根据实验数据建立的磨削力计算公式；另一类是根据因次解析和实验研究相结合的方法建立的通用磨削力计算公式。

磨削力数学模型建立的前提条件：磨粒的尖端依次排列在砂轮的同一个圆周上，磨粒的形状为具有一定顶角的圆锥，而且其中心线指向砂轮半径的方向；考虑一个磨粒平面切削的情况。假设作用在垂直于切削方向的单位面积上的力作为单位磨削力 F_u。

根据式（4-1），单颗磨粒的磨削力可以写成以下形式：

$$\left.\begin{aligned}
F_{gt} &= F_{gtc} + F_{gts} = qF_uA_m + \mu sp \\
F_{gn} &= F_{gnc} + F_{gns} = F_uA_m + sp
\end{aligned}\right\} \tag{4-2}$$

式中，F_u 为单位磨削力；A_m 为单颗磨粒平均切屑断面面积；q 为系数，与磨粒顶锥半角 δ 有关，$q = \dfrac{\pi}{4\tan\delta}$；$s$ 为磨粒的顶面积；p 为磨粒顶面与工件间的平均压强；μ 为摩擦系数。

4.1.1　切削变形力

下面对各种加工方式下的切削变形力进行理论与试验研究。

4.1.1.1　普通磨削

普通磨削过程中，当磨粒开始接触工件时，受到工件的抗力作用。图 4-3 所示为磨粒切削过程中的受力情况。在不考虑摩擦作用的情况下，切削力 $dF_{g\psi}$ 垂直作用于磨粒锥面上，其分布范围如图 4-3（d）中虚线范围所示。

根据普通磨削理论，可以将单颗磨粒所切下的未变形切屑平直化处理为三棱锥体形状，如图 4-3（a）所示。这样，单颗磨粒切下一个磨屑的过程可以近似看为该磨粒沿图中 CA 以速度 v_s 进行切削的过程，因而磨粒在切削过程中与工件接触的母线长度 ρ_{st} 随时间 t 而变化。根据图 4-3 中几何关系可得

$$\rho_{st} = \frac{a_{gt}}{\cos\delta} \qquad (4\text{-}3)$$

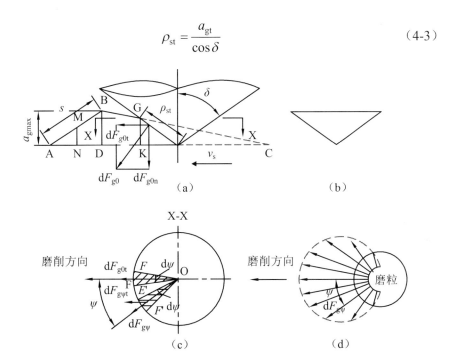

图 4-3 单颗磨粒普通磨削力的计算模型

根据普通磨削几何学，可以求得 t 时刻单颗磨粒切削深度 a_{gt} 为

$$\begin{cases} a_{gt} = GK = s \cdot \sin(\omega_s t) = \dfrac{a v_w}{v_s}\sin(\omega_s t) \text{（CD段）} & (4\text{-}4.1) \\[3mm] a_{gt} = MN = \dfrac{d_s - 2a_p}{2\cos(\omega_s t)} & \text{（DA段）} \qquad (4\text{-}4.2) \end{cases}$$

图 4-3 中，BD 为磨粒在磨削区的最大切削深度 $a_{g max}$，

$$a_{g max} = BD = \frac{2a v_w}{v_s}\sqrt{\frac{a_p}{d_s}} \qquad (4\text{-}5)$$

磨粒达最大切削深度时对应的切削时刻 t 为

$$t = \frac{\sqrt{a_p d_s}}{v_s} \qquad (4\text{-}6)$$

将式（4-4.1）和（4-4.2）分别代入式（4-3）整理可得

$$
\begin{cases}
\rho_{st} = \dfrac{av_w}{v_s \cos\delta}\sin(\omega_s t) & \text{（CD段）} \qquad (4\text{-}7.1) \\[3mm]
\rho_{st} = \dfrac{d_s - 2a_p}{2\cos\delta \cos(\omega_s t)} & \text{（DA段）} \qquad (4\text{-}7.2)
\end{cases}
$$

求作用在磨粒锥面上微小面积（和图 4-3 中阴影部分 OEF 对应的锥面积）$\mathrm{d}s$ 上的切削力 $\mathrm{d}F_{g0}$。为简化起见，假设在磨粒表面没有摩擦力，则 $\mathrm{d}F_{g0}$ 垂直于圆锥表面，得

$$
\mathrm{d}F_{g0} = F_u \mathrm{d}s \cos\delta \tag{4-8}
$$

图 4-3 中，磨粒为具有一顶锥角 2δ 的圆锥，中心线指向砂轮的半径，而且参与切削的圆锥母线长度为 ρ_{st}，所以

$$
\mathrm{d}s = \frac{1}{2}\rho_{st}^2 \sin\delta \mathrm{d}\psi \tag{4-9}
$$

将式（4-9）代入式（4-8）得

$$
\mathrm{d}F_{g0} = \frac{1}{2}\rho_{st}^2 F_u \sin\delta \cos\delta \mathrm{d}\psi \tag{4-10}
$$

因此，图 4-3 中与磨削方向成 ψ 角的阴影部分 OE'F'对应的微小锥面积 $\mathrm{d}s$ 上的作用力 $\mathrm{d}F_{g\psi}$ 为

$$
\mathrm{d}F_{g\psi} = \frac{1}{2}\rho_{st}^2 F_u \sin\delta \cos\delta \cos\psi \mathrm{d}\psi \tag{4-11}
$$

则该部分锥面上作用的切向力和法向力分别为

$$
\left.\begin{aligned}
\mathrm{d}F_{g\psi t} &= \mathrm{d}F_{g\psi x}\cdot\cos\psi = \mathrm{d}F_{g\psi}\cdot\cos\delta\cdot\cos\psi \\
\mathrm{d}F_{g\psi n} &= \mathrm{d}F_{g\psi}\cdot\sin\delta
\end{aligned}\right\} \tag{4-12}
$$

将式（4-11）代入式（4-12）可得

$$
\left.\begin{aligned}
\mathrm{d}F_{g\psi t} &= \frac{1}{2}\rho_{st}^2 F_u \sin\delta \cos^2\delta \cos^2\psi \mathrm{d}\psi \\
\mathrm{d}F_{g\psi n} &= \frac{1}{2}\rho_{st}^2 F_u \sin^2\delta \cos\delta \cos\psi \mathrm{d}\psi
\end{aligned}\right\} \tag{4-13}
$$

所以，一个磨粒因切削引起的切向力和法向力分别为

$$
\left.\begin{aligned}
F_{gtc} &= \int \mathrm{d}F_{g\psi t} = \int_{-\pi/2}^{\pi/2} \frac{1}{2}\rho_{st}^2 F_u \sin\delta \cos^2\delta \cos^2\psi \mathrm{d}\psi \\
F_{gnc} &= \int \mathrm{d}F_{g\psi n} = \int_{-\pi/2}^{\pi/2} \frac{1}{2}\rho_{st}^2 F_u \sin^2\delta \cos\delta \cos\psi \mathrm{d}\psi
\end{aligned}\right\} \tag{4-14}
$$

计算整理式（4-14）得

$$\left.\begin{aligned} F_{\text{gtc}} &= \int dF_{\text{g}\psi t} = \frac{\pi}{4} \rho_{\text{st}}^2 F_{\text{u}} \sin\delta \cos^2\delta \\ F_{\text{gnc}} &= \int dF_{\text{g}\psi n} = \rho_{\text{st}}^2 F_{\text{u}} \sin^2\delta \cos\delta \end{aligned}\right\} \tag{4-15}$$

将式（4-7）代入式（4-15）得

$$\left.\begin{aligned} F_{\text{gtc}} &= \frac{\pi}{4} F_{\text{u}} \left(\frac{av_{\text{w}}}{v_{\text{s}}}\right)^2 \sin\delta \sin^2(\omega_{\text{s}}t) \\ F_{\text{gnc}} &= F_{\text{u}} \left(\frac{av_{\text{w}}}{v_{\text{s}}}\right)^2 \sin\delta \tan\delta \sin^2(\omega_{\text{s}}t) \end{aligned}\right\} \tag{4-16}$$

或

$$\left.\begin{aligned} F_{\text{gtc}} &= \frac{\pi}{16} F_{\text{u}} (d_{\text{s}} - 2a_{\text{p}})^2 \frac{\sin\delta}{\cos^2(\omega_{\text{s}}t)} \\ F_{\text{gnc}} &= \frac{1}{4} F_{\text{u}} (d_{\text{s}} - 2a_{\text{p}})^2 \frac{\sin\delta \tan\delta}{\cos^2(\omega_{\text{s}}t)} \end{aligned}\right\} \tag{4-17}$$

由式（4-16）和式（4-17）可以看出，单颗磨粒上的磨削力随时间 t 而变化。

根据图 4-3（a）可求得单颗磨粒的平均切削深度满足 $\bar{a}_{\text{g}} \cdot \text{AC} = \frac{1}{2} \text{BD} \cdot \text{AC}$，则

$\bar{a}_{\text{g}} = \frac{1}{2} \text{BD} = \frac{av_{\text{w}}}{v_{\text{s}}} \sqrt{\frac{a_{\text{p}}}{d_{\text{s}}}}$，从而可得 $\bar{\rho}_{\text{s}} = \frac{av_{\text{w}}}{v_{\text{s}} \cos\delta} \cdot \sqrt{\frac{a_{\text{p}}}{d_{\text{s}}}}$。因不计摩擦力，所以一个

磨粒上作用的平均磨削力为

$$\left.\begin{aligned} \bar{F}_{\text{gt}} &= \frac{\pi}{4} \bar{a}_{\text{g}}^2 F_u \sin\delta = \frac{\pi}{4} F_{\text{u}} \left(\frac{av_{\text{w}}}{v_{\text{s}}}\right)^2 \frac{a_{\text{p}}}{d_{\text{s}}} \sin\delta \\ \bar{F}_{\text{gn}} &= F_u \bar{a}_{\text{g}}^2 \sin\delta \tan\delta = F_{\text{u}} \left(\frac{av_{\text{w}}}{v_{\text{s}}}\right)^2 \frac{a_{\text{p}}}{d_{\text{s}}} \sin\delta \tan\delta \end{aligned}\right\} \tag{4-18}$$

于是可得磨削力的计算公式为

$$\left.\begin{aligned} F_{\text{t}} &= N_{\text{d}} \bar{F}_{\text{gt}} = \frac{\pi}{4} N_{\text{d}} F_{\text{u}} \left(\frac{av_{\text{w}}}{v_{\text{s}}}\right)^2 \frac{a_{\text{p}}}{d_{\text{s}}} \sin\delta \\ F_{\text{n}} &= N_{\text{d}} \bar{F}_{\text{gn}} = N_{\text{d}} F_{\text{u}} \left(\frac{av_{\text{w}}}{v_{\text{s}}}\right)^2 \frac{a_{\text{p}}}{d_{\text{s}}} \sin\delta \tan\delta \end{aligned}\right\} \tag{4-19}$$

式中，N_{d} 为磨削区内，动态有效磨刃数。

由式（4-19）可解得单位磨削力的计算公式为

$$F_\text{u} = \frac{v_s d_s}{2 N_\text{d} (a v_\text{w})^2 a_\text{p} \sin \delta} \left(\frac{4 F_\text{t}}{\pi} + \frac{F_\text{n}}{\text{tg} \delta} \right) \tag{4-20}$$

由式（4-19）和式（4-20）可知，如果实测得 $\overline{F}_\text{t}$ 和 $\overline{F}_\text{n}$ 的值，就可以求得一定磨削条件下的单位磨削力 F_u 的值；反之，如果知道了一定磨削条件下的单位磨削力 F_u 的值，就可以推算出磨削力的估计值。

4.1.1.2 切向超声振动辅助磨削

（1）单颗磨粒切削深度。

图 4-4 中，o_1 为 t 时刻前一磨粒切削至 C 点时，砂轮中心的位置；o_1' 为 t' 时刻前一磨粒切削至 A 点时，砂轮中心的位置，$o_1'A = d_s/2$。o_2 为 t 时刻后续磨粒切刃切削至 B 点时，砂轮中心的位置，$o_2 B = d_s/2$。AB 线段长度为单颗磨粒在 t 时刻的切削深度 a_tgt。

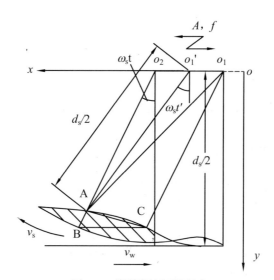

图 4-4　单颗磨粒切削深度

在坐标系 xoy 中，根据第 3 章单颗磨粒运动方程式可得 A 点的坐标为 $[v_\text{w} t' + (d_s/2) \sin \omega_s t' + A \sin \omega t', (d_s/2) \cos \omega_s t']$。直线 $o_2 A$ 的方程为

$$y = \text{ctg} \omega_s t \cdot \left[x - v_\text{w} \left(t + \frac{a}{v_s} \right) - A \sin \omega \left(t + \frac{a}{v_s} \right) \right] \tag{4-21}$$

将 A 点坐标代入式（4-21）整理可得

$$
\begin{aligned}
&v_{\mathrm{w}}t' + A\sin\omega t' + \frac{d_{\mathrm{s}}}{2}\sin\omega_{\mathrm{s}}t' \\
&= v_{\mathrm{w}}\left(t + \frac{a}{v_{\mathrm{s}}}\right) + A\sin\omega\left(t + \frac{a}{v_{\mathrm{s}}}\right) + \frac{d_{\mathrm{s}}}{2}\cos\omega_{\mathrm{s}}t'\cdot\tan\omega_{\mathrm{s}}t
\end{aligned}
\tag{4-22}
$$

设 AB $=x$，则 $\mathrm{o}_2\mathrm{A}=d_{\mathrm{s}}/2-x$。因为，$\mathrm{o}_2\mathrm{A}\cdot\cos\omega_{\mathrm{s}}t=(d_{\mathrm{s}}/2)\cdot\cos\omega_{\mathrm{s}}t'$，所以有，$\left(\dfrac{d_{\mathrm{s}}}{2}-x\right)\cdot\cos\omega_{\mathrm{s}}t=\dfrac{d_{\mathrm{s}}}{2}\cdot\cos\omega_{\mathrm{s}}t'$，即 $x=\dfrac{d_{\mathrm{s}}}{2}-\dfrac{d_{\mathrm{s}}}{2}\dfrac{\cos\omega_{\mathrm{s}}t'}{\cos\omega_{\mathrm{s}}t}$。

所以，单颗磨粒在净磨削时间区间内的磨削深度 a_{tgt} 为

$$
a_{\mathrm{tgt}} = \frac{d_{\mathrm{s}}}{2} - \frac{d_{\mathrm{s}}}{2}\frac{\cos\omega_{\mathrm{s}}t'}{\cos\omega_{\mathrm{s}}t}
\tag{4-23}
$$

其中，t' 由式（4-22）求得。

取加工参数：$a=1\mathrm{mm}$，$v_{\mathrm{w}}=400\mathrm{mm/min}$，$v_{\mathrm{s}}=18.3\mathrm{m/s}$，$A=0.004\mathrm{mm}$，$f=20\mathrm{kHz}$，$d_{\mathrm{s}}=50\mathrm{mm}$ 时，普通磨削和切向超声振动辅助磨削过程中，单颗磨粒切削深度 a_{gt} 和 a_{tgt} 随时间的变化曲线如图 4-5 所示。由图 4-5 可以看出，切向超声振动辅助磨削时，单颗磨粒的切削深度断续变化，而且远大于普通磨削时的切削深度。

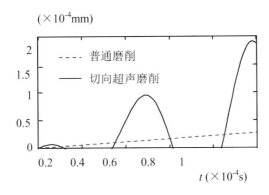

图 4-5 单颗磨粒切深随时间 t 的变化曲线

实际加工过程中，t 与 t' 差值很小，为计算方便，可用下式计算 a_{tgt}，

$$
a_{\mathrm{tgt}} = \begin{cases} \mathrm{o}_1\mathrm{o}_2\cdot\sin\omega_{\mathrm{s}}t & t\in(t_2,t_1') \\ 0 & t\notin(t_2,t_1') \end{cases}
\tag{4-24}
$$

其中，$o_1o_2 = \dfrac{av_w}{v_s} + 2A\cos\left(\omega t + \dfrac{a\omega}{2v_s}\right)\sin\dfrac{a\omega}{2v_s}$。

根据式（4-4）和式（4-24）可计算得切向超声振动辅助磨削和普通磨削下单颗磨粒切削深度比值 $a_{g\varsigma}$ 为

$$a_{g\varsigma} = \frac{a_{tgt}}{a_{gt}} = 1 + \frac{2Av_s}{av_w}\sin\frac{a\omega}{2v_s}\cdot\cos\left(\omega t + \frac{a\omega}{2v_s}\right) \tag{4-25}$$

根据第 3 章，$F = \dfrac{av_w}{2Av_s\sin\dfrac{\omega a}{2v_s}}$，所以上式可写为

$$a_{g\varsigma} = 1 + \frac{1}{F}\cdot\cos\left(\omega t + \frac{a\omega}{2v_s}\right) \tag{4-26}$$

由于切向超声振动辅助磨削单颗磨粒切削过程的分离特性，一个振动磨削周期 T 内，单颗磨粒平均切削深度比值 $\overline{a}_{g\varsigma}$ 为

$$\overline{a}_{g\varsigma} = \left.\int_{t_2}^{t_1'}\left[1 + \frac{1}{F}\cdot\cos\left(\omega t + \frac{a\omega}{2v_s}\right)\right]\mathrm{d}t\middle/T\right. \tag{4-27}$$

式中，t_1'、t_2 分别为一个周期内，磨粒切出和切入工件的时刻，可以根据第 3 章给出的公式（3-27）、（3-28）确定。

根据式（3-23）、（3-27）和（3-28）计算整理式（4-27）得

$$\overline{a}_{g\varsigma} = 1 - \frac{1}{\pi}\left(\arccos(-F) - \frac{\sqrt{1-F^2}}{|F|}\right) \tag{4-28}$$

图 4-6 给出了两种加工方式下，单颗磨粒平均切削深度比值 $\overline{a}_{g\varsigma}$ 随工件进给速度 v_w 的变化曲线。可以看出，其他加工工艺参数相同时，当工件进给速度 v_w 小于理论临界速度 v_1 时，比值 $\overline{a}_{g\varsigma}$ 大于 1，即切向振动磨削单颗磨粒的平均切削深度比普通磨削大；随着工件进给速度的增加，该比值逐渐减小；当工件进给速度 v_w 等于理论临界速度 v_1 时，比值 $\overline{a}_{g\varsigma}$ 接近于 1，即切向超声振动对单颗磨粒切削深度的影响甚微，切向超声振动辅助磨削过程与普通磨削基本相同。这再次证明第 3 章中切向超声振动辅助磨削分离条件分析的正确性。

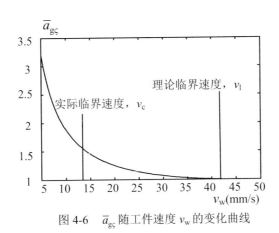

图 4-6　$\overline{a}_{g\varsigma}$ 随工件速度 v_w 的变化曲线

根据上述分析，切向超声磨削过程中单颗磨粒的平均切削深度 $\overline{a}_{tg}$ 为

$$\overline{a}_{tg} = \overline{a}_{g\varsigma} \cdot \overline{a}_g = \left[1 - \frac{1}{\pi}\left(\arccos(-F) - \frac{\sqrt{1-F^2}}{|F|} \right) \right] \cdot \frac{av_w}{v_s}\sqrt{\frac{a_p}{d_s}} \qquad (4\text{-}29)$$

（2）切削变形力数学模型的建立。根据第 3 章切向超声振动辅助磨削运动学分析，单颗磨粒在切削过程中具有分离特性，切削轨迹近似为正弦曲线。单颗磨粒在切削过程中的受力情况如图 4-7 所示。

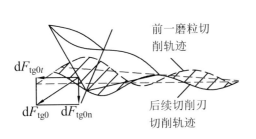

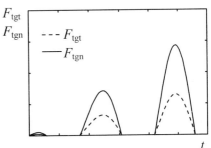

（a）单颗磨粒受力情况　　　　　　　　（b）磨削区内不同时刻单颗磨粒受力

图 4-7　单颗磨粒超声振动辅助磨削力计算模型

根据普通磨削单颗磨粒受力理论模型，切向超声振动辅助磨削过程中，在 t 时刻作用在单颗磨粒上的磨削力为

$$\left.\begin{aligned} F_{tgt} &= \frac{\pi}{4} F_{tu} \rho_{tst}^2 \sin\delta \cos^2\delta \\ F_{tgn} &= F_{tu} \rho_{tst}^2 \sin^2\delta \cos\delta \end{aligned}\right\} \tag{4-30}$$

其中，$\rho_{tst} = \dfrac{a_{tgt}}{\cos\delta}$。

因而可得

$$\left.\begin{aligned} F_{tgt} &= \frac{\pi}{4} F_{tu} a_{tgt}^2 \sin\delta \\ F_{tgn} &= F_{tu} a_{tgt}^2 \sin\delta \tan\delta \end{aligned}\right\} \tag{4-31}$$

由图 4-7（b）可以看出，由于切向超声振动辅助磨削具有分离特性，单颗磨粒在磨削过程中受脉冲力作用。

切向超声振动辅助磨削过程中，单颗磨粒的平均切削深度为 $\bar{a}_{tg}$，则一个磨粒上作用的平均磨削力为

$$\left.\begin{aligned} \bar{F}_{tgt} &= \frac{\pi}{4} F_{tu} \bar{a}_{tg}^2 \sin\delta \\ \bar{F}_{tgn} &= F_{tu} \bar{a}_{tg}^2 \sin\delta \tan\delta \end{aligned}\right\} \tag{4-32}$$

于是可得磨削力的计算公式为

$$\left.\begin{aligned} \bar{F}_{tt} &= N_d \cdot \bar{F}_{tgt} = \frac{\pi}{4} N_d F_{tu} \bar{a}_{tg}^2 \sin\delta \\ \bar{F}_{tn} &= N_d \cdot \bar{F}_{tgn} = N_d F_{tu} \bar{a}_{tg}^2 \sin\delta \tan\delta \end{aligned}\right\} \tag{4-33}$$

4.1.1.3 轴向超声振动辅助磨削

根据第 3 章轴向超声振动辅助磨削几何参数分析及单颗磨粒切削轨迹图 3-19，分析轴向超声振动辅助磨削过程中，单颗磨粒上所作用的磨削力。

由磨削原理可知，轴向超声振动辅助磨削过程中，单颗磨粒的磨削力由切向磨削力和法向磨削力组成，即

$$\left.\begin{aligned} F_{agn} &= F_{agnc} + F_{agns} \\ F_{agt} &= F_{agtc} + F_{agts} \end{aligned}\right\} \tag{4-34}$$

式中，F_{agn} 为轴向超声振动辅助磨削单颗磨粒的法向平均磨削力；F_{agt} 为轴向超声振动辅助磨削单颗磨粒的切向平均磨削力；F_{agnc} 为轴向超声振动辅助磨削单颗磨粒由于切削变形引起的法向力；F_{agns} 为轴向超声振动辅助磨削单颗磨粒由于摩

擦引起的法向力；F_{agtc} 为轴向超声振动辅助磨削单颗磨粒由于切削变形引起的切向力；F_{agts} 为轴向超声振动辅助磨削单颗磨粒由于摩擦引起的切向力。

（1）单颗磨粒切削深度。砂轮制造的特殊性决定了磨粒在砂轮表面的分布呈随机状态，砂轮表面的磨粒形态各异，突出的高度也不一致。因而，当磨粒在工件表面划过时，其留下的形状和尺寸也各不相同，会形成或相互错开或相互叠加的许多细小划痕。由于磨粒突出高度不同，划痕的深度也不一致，因此未变形切削厚度的大小也不一样。磨粒在砂轮表面随机分布的状态可以用概率密度函数来表示，因此磨粒的未变形切削厚度也可以用一个相同的概率密度函数进行描述。HECKER 等在研究磨削加工过程中，将磨粒的未变形切削厚度假设为瑞利分布，并用试验验证了其正确性，结果表面磨粒的未变形切削厚度分布于瑞利分布相似。根据磨粒的未变形切削厚度为瑞利分布，可以得到磨粒未变形切削厚度为

$$\overline{a_{ag}} = f(h) = \sqrt{\frac{\pi}{2}}\sigma\sqrt{\frac{\pi a_p v_w}{2 C v_s \tan\theta l_c}} \tag{4-35}$$

（2）单颗磨粒切削变形力数学模型的建立[121]。图 4-8 为单颗磨粒以切削深度 a_{ag} 切入工件时的受力情况图，在忽略摩擦力的情况下，切削变形力 $\mathrm{d}Fx$ 垂直作用于磨粒的锥面。

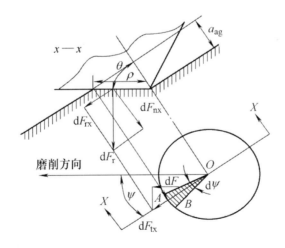

图 4-8   轴向超声振动辅助磨削单颗磨粒切削受力模型

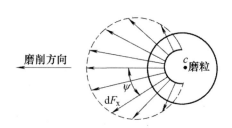

图 4-8 轴向超声振动辅助磨削单颗磨粒切削受力模型（续图）

由图 4-8 可知，在 $x-x$ 截面内，作用于单颗磨粒上的切削变形力为

$$\mathrm{d}F_{\mathrm{x}} = F_{\mathrm{p}} \cos\theta\cos\varphi\mathrm{d}A \qquad (4\text{-}36)$$

式中，F_{p} 为单位磨削力；φ 为切削方向与 x 轴的夹角；$\mathrm{d}A$ 为磨粒与工件的接触面积，$\mathrm{d}A = \dfrac{1}{2}\rho^2 \sin\theta\mathrm{d}\varphi$。

因此可得

$$\mathrm{d}F_{\mathrm{x}} = \frac{1}{2}\rho^2 F_{\mathrm{p}} \cos\theta\cos\varphi\sin\theta\mathrm{d}\varphi \qquad (4\text{-}37)$$

由图 4-8 可以看出，切削变形力 $\mathrm{d}F_{\mathrm{x}}$ 可以分解为推力 $\mathrm{d}F_{\mathrm{xn}}$ 和侧向推力 $\mathrm{d}F_{\mathrm{xat}}$，侧向推力 $\mathrm{d}F_{\mathrm{xat}}$ 又可以分解为轴向力 $\mathrm{d}F_{\mathrm{xa}}$ 和切向力 $\mathrm{d}F_{\mathrm{xt}}$，经推导可得

$$\left.\begin{aligned}
\mathrm{d}F_{\mathrm{xn}} &= \sin\theta\mathrm{d}F_{\mathrm{x}} = \frac{1}{2}\rho^2 F_{\mathrm{p}} \sin^2\theta\cos\theta\cos(\varphi+\phi_{\mathrm{c}})\mathrm{d}\varphi \\
\mathrm{d}F_{\mathrm{xt}} &= \cos\phi_{\mathrm{c}}\cos\theta\mathrm{d}F_{\mathrm{x}} = \frac{1}{2}\cos\phi_{\mathrm{c}}\rho^2 F_{\mathrm{p}} \sin\theta\cos^2\theta\cos^2(\varphi+\phi_{\mathrm{c}})\mathrm{d}\varphi \\
\mathrm{d}F_{\mathrm{xa}} &= \sin\phi_{\mathrm{c}}\cos\theta\mathrm{d}F_{\mathrm{x}} = \frac{1}{2}\rho^2 \sin\phi_{\mathrm{c}} F_{\mathrm{p}} \sin\theta\cos^2\theta\cos^2(\varphi+\phi_c)\mathrm{d}\varphi
\end{aligned}\right\} \qquad (4\text{-}38)$$

$$\phi_{\mathrm{c}} = \arctan\left[\frac{2\pi f A\cos(2\pi f t+\varphi_0)}{v_{\mathrm{s}}}\right]$$

因此可得作用在整个磨粒上的磨削力为

$$\left.\begin{aligned}
F_{\mathrm{agnc}} &= \int_{-\pi/2}^{\pi/2}\mathrm{d}F_{\mathrm{xn}} = \overline{a}_{\mathrm{ag}}^2 F_{\mathrm{p}} \sin\theta\tan\theta\cos\phi_{\mathrm{c}} \\
F_{\mathrm{agtc}} &= \int_{-\pi/2}^{\pi/2}\mathrm{d}F_{\mathrm{xt}} = \frac{\pi}{4}\overline{a}_{\mathrm{ag}}^2 F_{\mathrm{p}} \sin\theta\cos\phi_{\mathrm{c}} \\
F_{\mathrm{agac}} &= \int_{-\pi/2}^{\pi/2}\mathrm{d}F_{\mathrm{xa}} = \frac{\pi}{4}\overline{a}_{\mathrm{ag}}^2 F_{\mathrm{p}} \sin\theta\sin\phi_{\mathrm{c}}
\end{aligned}\right\} \qquad (4\text{-}39)$$

将式（4-36）代入式（4-39），并乘以磨削区内的动态磨粒数 $N_d = bl_cC$，可以得到由于切削变形作用而产生的总磨削力

$$\left. \begin{array}{l} F_{anc} = N_d F_{agnc} = \dfrac{\pi}{2} \dfrac{v_w a_p}{v_s} F_p b \sin\theta\cos\phi_c \\[2mm] F_{atc} = N_d F_{agtc} = \dfrac{\pi}{8} \dfrac{v_w a_p}{v_s} F_p b \cos\theta\cos\phi_c \\[2mm] F_{aac} = N_d F_{agac} = \dfrac{\pi}{8} \dfrac{v_w a_p}{v_s} F_p b \cos\theta\sin\phi_c \end{array} \right\} \qquad (4\text{-}40)$$

根据平均切屑断面面积理论，作用在单颗磨粒上的磨削力 F_g 与平均切屑断面积 A_m 成正比，即 $F_g = kA_m$。

其中，k 为比例系数。

轴向超声振动辅助磨削过程中，磨削区内的总磨削力 F_z 为

$$F_z = N_d F_g = \dfrac{kbla_p v_w}{v_s \displaystyle\int_0^1 \sqrt{1 + \left[\dfrac{2A\pi f}{v_s + v_w} \cos\left(\dfrac{2\pi f}{v_s + v_w} x \right) \right]^2} \, dx} \qquad (4\text{-}41)$$

普通磨削过程中，磨削区内的总磨削力 F_z' 为

$$F_z' = kba_p v_w / v_s \qquad (4\text{-}42)$$

比较式（4-41）和式（4-42）可以看出：轴向超声振动辅助磨削过程中的磨削力小于普通磨削的磨削力，即轴向超声振动的引入使磨削力降低。

磨削力降低率为

$$\eta = \left(1 - \dfrac{l}{\displaystyle\int_0^l \sqrt{1 + \left[\dfrac{2A\pi f}{v_s + v_w} \cos\left(\dfrac{2\pi f}{v_s + v_w} x \right) \right]^2} \, dx} \right) \times 100\% \qquad (4\text{-}43)$$

图 4-9（a）和（b）给出了砂轮速度 v_s 和超声振动频率 f 分别取不同值时，磨削力降低率随振幅 A 的变化曲线图。由于工件进给速度 v_w 的值一般较小，对磨削力的影响忽略不计。由图 4-9（a）和（b）可以看出，磨削力降低率 η 随着振幅 A 和频率 f 的增加而增加，随着砂轮速度 v_s 的增加而降低。因而可以得出结论：超声振动振幅和频率的增加有助于磨削力的降低，而砂轮速度的增加减弱了超声振动对磨削力的影响。

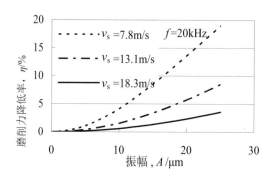

（a）不同 v_s 时，磨削力降低率随振幅 A 的变化

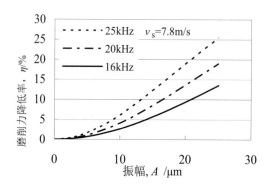

（b）不同 f 时，磨削力降低率随振幅 A 的变化

图 4-9   轴向超声振动辅助磨削过程中磨削力降低率变化

4.1.1.4   径向超声振动辅助磨削

径向超声振动辅助磨削过程中，单颗磨粒也存在分离切削状态，受力情况与切向超声振动辅助磨削类似。

（1）单颗磨粒切削深度。实际加工过程中，工件沿砂轮径向超声振动，为方便表达砂轮—工件之间的相对运动关系，假定砂轮作超声振动，如图 4-10 所示。图 4-10 中，o_1 为 t 时刻前一磨粒切削至 C 点时，砂轮中心的位置；o_1' 为 t 时刻前一磨粒切削至 A 点时，砂轮中心的位置，$o_1'A = d_s/2$；o_2 为 t 时刻后续磨粒切削至 B 点时，砂轮中心的位置。AB 线段的长度为单颗磨粒在 t 时刻的切削深度 a_{ngt}，

$$a_{ngt} = AB = o_2B - o_2A = d_s/2 - o_2A \qquad (4-44)$$

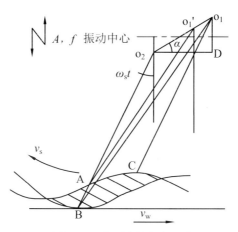

图 4-10　单颗磨粒切削深度

与切向超声振动辅助磨削过程中单颗磨粒切削深度求解过程类似，径向超声振动辅助磨削过程中，单颗磨粒在净磨削时间区间内的磨削深度 a_{ngt} 为

$$a_{ngt} = o_1 o_2 \cdot \sin(\omega_s t + \alpha) \tag{4-45}$$

其中，

$$\left. \begin{array}{l} \alpha = \arctan \dfrac{2Av_s \cos\left(\omega t + \dfrac{a\omega}{2v_s}\right) \sin \dfrac{a\omega}{2v_s}}{av_w} \\[4mm] o_1 o_2 = \sqrt{\left[2A\cos\left(\omega t + \dfrac{a\omega}{2v_s}\right)\sin\dfrac{a\omega}{2v_s}\right]^2 + \left(\dfrac{av_w}{v_s}\right)^2} \end{array} \right\} \tag{4-46}$$

取加工参数：a=1mm，v_w=400mm/min，v_s=18.3m/s，A=0.004mm，f=20kHz，d_s=50mm，普通磨削和径向超声振动辅助磨削过程中，单颗磨粒切削深度 a_{gt} 和 a_{ngt} 随时间的变化曲线如图 4-11 所示。可以看出，径向超声振动辅助磨削时，单颗磨粒的切削深度随着时间 t 断续变化，而且远远大于普通磨削的切削深度。

（2）切削变形力数学模型的建立。根据第 3 章径向超声振动辅助磨削运动学分析，单颗磨粒在切削过程中存在分离特性，切削轨迹近似为正弦曲线。单颗磨粒在切削过程中的受力情况与图 4-7（a）基本相同。

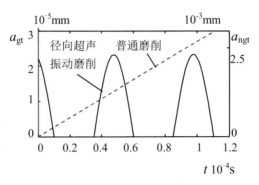

图 4-11　单颗磨粒切深随时间 t 变化图

　　同样，根据普通磨削过程中单颗磨粒受力理论模型，径向超声振动辅助磨削过程中，在 t 时刻作用在单颗磨粒上的磨削力为

$$\left.\begin{aligned} F_{\mathrm{ngt}} &= \frac{\pi}{4} F_{\mathrm{nu}} \rho_{\mathrm{nst}}^2 \sin\delta \cos^2\delta \\ F_{\mathrm{ngn}} &= F_{\mathrm{nu}} \rho_{\mathrm{nst}}^2 \sin^2\delta \cos\delta \end{aligned}\right\} \tag{4-47}$$

其中，$\rho_{\mathrm{nst}} = \dfrac{a_{\mathrm{ngt}}}{\cos\delta}$。

因而可得

$$\left.\begin{aligned} F_{\mathrm{ngt}} &= \frac{\pi}{4} F_{\mathrm{nu}} a_{\mathrm{ngt}}^2 \sin\delta \\ F_{\mathrm{ngn}} &= F_{\mathrm{nu}} a_{\mathrm{ngt}}^2 \sin\delta \tan\delta \end{aligned}\right\} \tag{4-48}$$

　　由图 3-6（b）可以看出，由于径向超声振动辅助磨削具有分离特性，单颗磨粒在磨削过程中受脉冲力作用。

　　假定径向超声振动辅助磨削过程中，单颗磨粒的平均切削深度为 $\overline{a}_{\mathrm{ng}}$，则一个磨粒上作用的平均磨削力为

$$\left.\begin{aligned} \overline{F}_{\mathrm{ngt}} &= \frac{\pi}{4} F_{\mathrm{nu}} \overline{a}_{\mathrm{ng}}^2 \sin\delta \\ \overline{F}_{\mathrm{ngn}} &= F_{\mathrm{nu}} \overline{a}_{\mathrm{ng}}^2 \sin\delta \tan\delta \end{aligned}\right\} \tag{4-49}$$

　　于是可得磨削力的计算公式为

$$\left.\begin{array}{l} \overline{F}_{\mathrm{nt}} = N_{\mathrm{d}} \cdot \overline{F}_{\mathrm{ngt}} = \dfrac{\pi}{4} N_{\mathrm{d}} F_{\mathrm{nu}} \overline{a}_{\mathrm{ng}}^2 \sin\delta \\ \overline{F}_{\mathrm{nn}} = N_{\mathrm{d}} \cdot \overline{F}_{\mathrm{ngn}} - N_{\mathrm{d}} F_{\mathrm{nu}} \overline{a}_{\mathrm{ng}}^2 \sin\delta \tan\delta \end{array}\right\} \tag{4-50}$$

4.1.1.5 分析讨论

根据上述分析，分离型切向和径向超声振动辅助磨削过程中，单颗磨粒在磨削区的平均切削深度大于普通磨削时的平均切削深度。根据切削变形力数学模型，结合磨削力试验结果，计算出单位磨削力 F_{u}、F_{tu}、F_{nu}，且有 $F_{\mathrm{u}} > F_{\mathrm{nu}} > F_{\mathrm{tu}}$，即工件超声振动可以降低单位面积切削力，从而使工件更易于加工。这是因为超声振动使工件材料具有软化效应；另外，在超声振动作用下，由于频率高达 20kHz 左右，振幅为几到十几微米，磨粒的速度和加速度瞬时值很大，磨粒以几千甚至几万倍于重力加速度的加速度冲击材料表面，烧结 NdFeB 永磁材料在冲击能量作用下，使磨粒前的材料产生微塑性变形，形成大量多层次分布的微小横向裂纹，这为下一步继续加工创造了良好条件，也为得到粉末状磨屑，形成光滑平整的加工表面打下了基础。由于烧结 NdFeB 永磁材料断裂韧性很低，在高频冲击下，瞬间集中大量能量，对材料的微小剥离起了很大作用。

4.1.2 摩擦力

磨削过程由许多不同的摩擦作用组成。磨削过程中，磨削区内摩擦产生的热量会引起工件表面层的热损伤，因而令人感兴趣的是磨削区内的摩擦[121]。

由磨削原理可知[122]，

$$\begin{cases} Fns = \delta p \\ F\tau s = \mu\delta p \end{cases} \tag{4-51}$$

式中，δ 为工件与工作单颗磨粒的实际接触面积；p 为实际磨损平面与所接触工件间的平均接触压力；μ 为单颗磨粒与加工工件的摩擦系数。

在平面磨削中，实际磨损平面、工件间的平均接触压力 p 与曲率半径差值 Δ 近似呈正比关系，即

$$p = p_0 \Delta \tag{4-52}$$

式中，p_0 为常数，可以通过实验确定；Δ 为砂轮半径与切削轨迹曲率半径的差

值，即

$$\Delta = \frac{2}{d_s} - \frac{1}{R} \tag{4-53}$$

在砂轮单颗磨粒的几何运动分析过程中，用抛物线近似表示单颗磨粒的切削轨迹，砂轮半径与切削轨迹曲率半径的差值为

$$\Delta = \frac{2}{d_s} - \frac{1}{R} = \frac{4v_w}{d_s v_s} \tag{4-54}$$

将式（4-54）代入式（4-52）中，可以得到单颗磨粒实际磨损平面与加工工件间的平均接触压力 $\overline{p}$

$$\overline{p} = \frac{4p_0 v_w}{d_s v_s} \tag{4-55}$$

根据摩擦二项式定力，摩擦系数 μ 可以表示为

$$\mu = \frac{d_s v_s \alpha}{4p_0 v_w} + \beta \tag{4-56}$$

根据 KUMAR 等的研究，超声振动可以在很大程度上减小摩擦系数 μ，从而使由摩擦力引起的单颗磨粒磨削力大大减小。TSAI 等研究了在加工平面内任意角度的切向超声辅助振动对摩擦力减小的影响，得出了施加超声振动后的磨削加工摩擦力与未施加超声振动的磨削加工摩擦力的比值可以表示为

$$\lambda(\xi) = \frac{1}{2\pi} \int_0^{2\pi} \frac{\xi + \cos\theta\cos\tau}{\sqrt{\xi^2 + 2\xi\cos\theta\cos\tau + \cos^2\tau}} \, \mathrm{d}\tau \tag{4-57}$$

式中，θ 为振动方向与加工工件宏观速度方向之间的夹角；ξ 为加工工件的宏观速度与振动速度的幅值之比。

4.1.2.1 摩擦系数数学模型

蔡光起等人通过引入磨削能力参数 C_{ge} [122,123]得出摩擦系数数学模型公式：

$$\varepsilon = \mu + F_u(q - \mu)C_{ge} \tag{4-58}$$

式中，$\varepsilon = F_{gt}/F_{gn}$；$C_{ge} = A_m/F_{gn}$，表征单颗磨粒磨削能力的大小，$C_{ge}$ 越大表明磨削能力越强。

由式（4-58）可以看出：$\varepsilon - C_{ge}$ 之间呈线性关系，如图 4-12 所示。理论上，当 $C_{ge} = 0$ 时，意味着 $A_m = 0$，即无切削变形，仅处于滑擦状态。F_{gn} 仅为法向压

力，F_{gt} 仅为摩擦力，ε 恰好为摩擦系数。

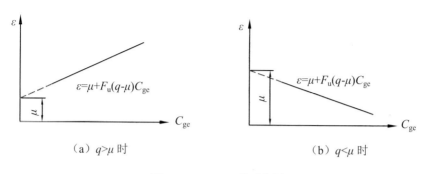

（a）$q>\mu$ 时   （b）$q<\mu$ 时

图 4-12 $\varepsilon - C_{ge}$ 关系线图

通过上述摩擦系数数学模型对不同加工方式，不同加工条件下磨削的 $\varepsilon - C_{ge}$ 曲线进行拟和，可以获得各种加工方式和加工条件下的摩擦系数 μ。

4.1.2.2   磨削力数据采集

通过表 4-1 所示试验方案，在同一砂轮速度下，取不同磨削深度 a_p（5、10、15、20μm）分别在四种加工方式下进行试验，采集磨削力数据。试验设备和切向超声振动辅助磨削工装系统如图 3-13 和图 3-14 所示；磨削力测定原理如图 3-15 所示；径向和轴向超声振动辅助磨削工装系统如图 4-13（a）和（b）所示。

表 4-1   拟合 $\varepsilon - C_{ge}$ 曲线试验方案

磨削方法	普通磨削与切向、轴向、径向超声振动辅助磨削，工件振动，干磨
砂轮	粒度 140#CBN 砂轮，直径 ϕ50mm，浓度 100%
工件	烧结 NdFeB 永磁体材料 20×15×5（mm）
砂轮速度 v_s	v_s=6.5、10.5、14.4、18.3m/s
工件进给速度 v_w	v_w=400mm/min
振幅 A，频率 f	A=4μm，f=21.8kHz

试验过程中，打开超声波发生器为超声振动辅助磨削，关闭超声波发生器则为普通磨削。为了保证数据的正确性，每次试验进行 3 次，取其平均值。

(a) 径向超声振动辅助磨削工装系统 　　　　(b) 轴向超声振动辅助磨削工装系统

图 4-13　工装系统与测力装置

4.1.2.3　超声振动辅助磨削摩擦系数

（1）普通磨削。普通磨削加工方式下，取不同砂轮速度 v_s 时，CBN 砂轮加工烧结 NdFeB 永磁体材料的摩擦系数 μ 见表 4-2。

表 4-2　普通磨削不同砂轮速度下摩擦系数 μ

砂轮速度，v_s（m/s）	6.5	10.5	14.4	18.3
摩擦系数，μ	0.7	0.54	0.43	0.32

（2）切向超声振动辅助磨削。切向超声振动辅助磨削加工方式下，取不同砂轮速度 v_s 时，CBN 砂轮加工烧结 NdFeB 永磁体材料的摩擦系数 μ 见表 4-3。

表 4-3　切向超声振动辅助磨削摩擦系数 μ

砂轮速度，v_s（m/s）	6.5	10.5	14.4	18.3
摩擦系数，μ	0.36	0.3	0.21	0.17

（3）轴向超声振动辅助磨削。轴向超声振动辅助磨削加工方式下，取不同砂轮速度 v_s 时，CBN 砂轮加工烧结 NdFeB 永磁体材料的摩擦系数 μ 见表 4-4。

表 4-4　轴向超声振动辅助磨削摩擦系数 μ

砂轮速度，v_s（m/s）	6.5	10.5	14.4	18.3
摩擦系数，μ	0.51	0.45	0.32	0.28

（4）径向超声振动辅助磨削。径向超声振动辅助磨削加工方式下，取不同砂轮速度 v_s 时，CBN 砂轮加工烧结 NdFeB 永磁体材料的摩擦系数 μ 见表 4-5。

表 4-5　径向超声振动辅助磨削摩擦系数 μ

砂轮速度，v_s（m/s）	6.5	10.5	14.4	18.3
摩擦系数，μ	0.45	0.39	0.32	0.28

根据表 4-2～表 4-5 绘制各种加工方式下摩擦系数 μ 与砂轮速度 v_s 的关系图，如图 4-14 所示。

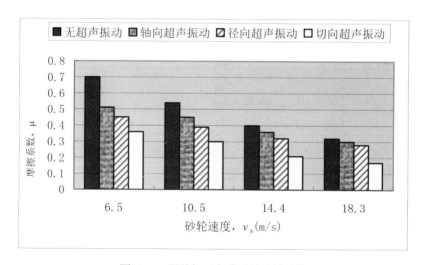

图 4-14　四种加工方式下的摩擦系数

由图 4-14 可以看出，工件沿切向、轴向或径向作超声振动均使摩擦系数降低。切向超声振动使摩擦系数降低得最为明显，径向超声振动次之，轴向超声振动最弱；并且，随着砂轮速度的增加，超声振动对摩擦系数的影响逐渐减弱。

4.2 磨削力的试验研究

4.2.1 试验方案

试验设备和各种加工方式的工装系统与前述相同。

试验分四组进行，分别研究普通磨削与切向、轴向和径向超声振动辅助磨削加工过程中加工参数对磨削力的影响。每组试验分为两个部分：砂轮粒度及磨削用量对磨削力的影响。

为了探讨砂轮磨粒尺寸对磨削力的影响，采用单因素试验法，选择 $140^{\#}$，$200^{\#}$，W40 和 W10 四种粒度的砂轮，以相同的磨削条件对工件进行周边磨削，测定磨削力。试验方案见表 4-6。

表 4-6　砂轮粒度对磨削力影响试验方案

磨削方法	无超声振动、切向、轴向和径向超声振动磨削，工件振动，干磨
砂轮	粒度 $140^{\#}$，$200^{\#}$，W40，W10，金属结合剂 CBN 砂轮四个，浓度 100%，$\phi50mm$
工件	烧结 NdFeB 永磁体材料 $20\times15\times5$（mm）
砂轮速度 v_s	18.3m/s
工件进给速度 v_w	400mm/min
磨削深度 a_p	0.007mm
振幅 A，频率 f	4μm，21.8kHz

为减少试验次数，同时又要全面考虑磨削用量对磨削力的影响，采用正交试验法。试验采用 3 因素 4 水平正交试验，选用 L_{16}（4^3）正交表。因素、水平表及试验方案见表 4-7 和表 4-8。试验用 $140^{\#}$CBN 砂轮加工烧结 NdFeB 永磁体材料；在四种加工方式下按表 4-8 方案分别进行试验。

表 4-7　试验加工因素、水平表

水平 \ 因素	砂轮转速 $n/$（r/min）	进给速度 $v_w/$（mm/min）	磨削深度 a_p/mm
1	2500	100	0.005

续表

水平　　因素	砂轮转速 $n/$（r/min）	进给速度 $v_w/$（mm/min）	磨削深度 a_p/mm
2	4000	200	0.01
3	5500	300	0.015
4	7000	400	0.02

表 4-8　加工工艺参数对磨削力影响试验方案

序号	主轴转速 $n/$（r/min）	进给速度 $v_w/$（mm/min）	磨削深度 a_p/mm
1	2500	100	0.005
2	2500	200	0.01
3	2500	300	0.015
4	2500	400	0.02
5	4000	100	0.01
6	4000	200	0.005
7	4000	300	0.015
8	4000	400	0.02
9	5500	100	0.015
10	5500	200	0.02
11	5500	300	0.005
12	5500	400	0.01
13	7000	100	0.02
14	7000	200	0.015
15	7000	300	0.01
16	7000	400	0.005

4.2.2　试验结果及分析

4.2.2.1　砂轮粒度对磨削力的影响

按照表 4-6 所示试验方案对烧结 NdFeB 永磁体材料进行试验，根据所得数据绘制四种加工方式下砂轮粒度对磨削力影响规律曲线，如图 4-15 所示。

图 4-15（a）表明砂轮磨粒直径在 10～40μm 之间，切向和轴向超声振动时，

切向磨削力 F_t 随着砂轮磨粒直径的增加呈上升的趋势；在 $40\sim69\mu m$ 之间，F_t 上升的趋势减缓，随后呈降低的趋势；超过 $69\mu m$ 时，F_t 又随磨粒直径的增加而增加。

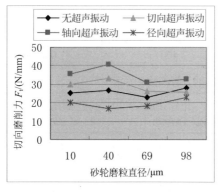 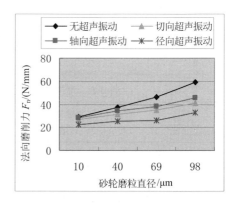

（a）砂轮磨粒直径对 F_t 的影响　　　　（b）砂轮磨粒直径对 F_n 的影响

图 4-15　四种加工方式下砂轮磨粒直径对磨削分力的影响

普通磨削和径向超声振动辅助磨削时，切向磨削力 F_t 基本上随着磨粒直径的增加而增加。

根据设定的磨削参数，采用细粒度砂轮进行磨削加工时，切向和轴向超声振动使材料主要以塑性剪切的方式去除，因而切向磨削力 F_t 变大；随着砂轮粒度增加，材料塑性去除的比例减小，脆性断裂去除的比例增加，因而切向磨削力 F_t 较之前有所降低；当砂轮粒度增加到一定程度时，材料主要以脆性断裂方式去除，切向磨削力 F_t 又逐渐增加。而在普通磨削和径向超声振动辅助磨削过程中，根据设定的磨削参数，材料均主要以脆性断裂的方式去除，不存在材料去除方式的转变，因而切向磨削力 F_t 基本呈上升趋势。

图 4-15（b）表明四种加工方式下，法向磨削力均随着砂轮磨粒直径的增加呈上升的趋势。

4.2.2.2　磨削用量对磨削力的影响

根据表 4-8 所示的试验方案，采用 $140^{\#}$ 砂轮对烧结 NdFeB 永磁体材料（20mm×15mm×5mm）进行普通磨削及切向、轴向和径向超声振动辅助磨削试验。

根据所得数据绘制四种加工方式下各磨削用量对磨削力的影响规律曲线。

（1）磨削深度。图 4-16 给出了四种加工方式下，切向磨削力 F_t 和法向磨

削力 F_n 随磨削深度 a_p 变化的关系曲线。可以看出，在各种加工方式下，随着磨削深度的增加，切向磨削力 F_t 和法向磨削力 F_n 基本呈上升的趋势。这是因为增大 a_p 会使磨粒切削厚度增加，同时又使磨削弧长增大，有效磨粒总数增多，因此磨削深度的增加使磨削力增大。工件沿切向和轴向作超声振动时，F_t、F_n 的上升趋势不明显，并且当磨削深度达一定值（约 0.01mm 或 0.015mm）后，切向磨削力 F_t 会急剧降低，这是材料去除方式从塑性剪切向脆性断裂去除转变的结果。

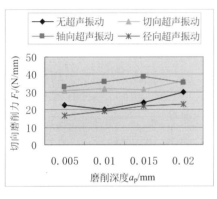 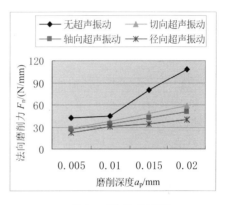

（a）a_p 对 F_t 的影响   （b）a_p 对 F_n 的影响

图 4-16 四种加工方式下磨削深度 a_p 对磨削力的影响

（2）工件速度。图 4-17 给出了四种加工方式下，切向磨削力 F_t 和法向磨削力 F_n 随工件速度 v_w 变化的关系曲线。可以看出，在各种加工方式下，随着工件速度的提高，切向磨削力 F_t 和法向磨削力 F_n 基本呈上升的趋势。由于工件进给速度变化范围较小，因而磨削力上升趋势不明显。只有无超声振动时的法向磨削力随着工件速度的增加急剧上升，这是因为工件速度增大，单颗磨粒切削深度增加，导致磨粒切入工件更加困难。

（3）砂轮速度。图 4-18 给出了四种加工方式下，切向磨削力 F_t 和法向磨削力 F_n 随砂轮速度 v_s 变化的关系曲线。可以看出，在各种加工方式下，随着砂轮速度的提高，切向磨削力 F_t 和法向磨削力 F_n 基本呈下降的趋势。这是因为砂轮速度提高，磨粒切削深度减小，磨削力下降。

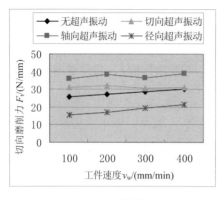 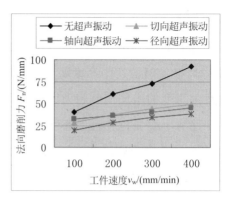

（a）v_w 对 F_t 的影响　　　　　　　　（b）v_w 对 F_n 的影响

图 4-17　四种加工方式下工件速度 v_w 对磨削力的影响

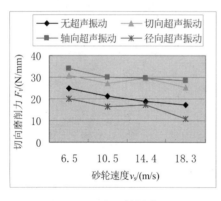 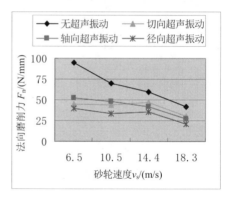

（a）v_s 对 F_t 的影响　　　　　　　　（b）v_s 对 F_n 的影响

图 4-18　四种加工方式下砂轮速度 v_s 对磨削力的影响

4.2.2.3　不同超声振动辅加方式对磨削力及磨削力比的影响

（1）磨削力。由图 4-16～图 4-18 可以看出，超声振动使磨削力随着各磨削用量变化的趋势减缓，但均对磨削力产生很大的影响。对于切向磨削力 F_t，轴向超声振动使之大幅度上升，切向超声振动次之，径向超声振动使之下降；对于法向磨削力 F_n，三种超声振动方式均使之大幅降低，其中径向超声振动的影响最为明显，切向超声振动次之，轴向超声振动的影响最弱。施加超声振动后出现磨削分力增加的主要原因是：采用不同磨削参数加工硬脆性材料时，会出现材料脆-塑性去除方式的转变。在四种加工方式下，材料在同一去除方式时，超声振动辅助磨削力均低于普通磨削力。

无论材料主要以何种方式去除，施加三种方式的超声振动后，总的磨削力均有不同程度的降低，这是单颗磨粒切削深度变化、切削弧长变化、材料去除方式转变、材料硬度变化和超声润滑效应综合作用的结果。综上所述，总磨削力的降低主要有以下几个原因：

1）超声振动冲击作用。根据第 3 章超声振动辅助磨削运动学分析，超声振动辅助磨削具有分离特性，并且是周期性的变速磨削过程。因为分离和变速特性，工件与磨削区的磨粒之间具有冲击作用，该冲击作用使待加工表面形成大量鳞状微裂纹，便于材料去除，并且有利于微裂纹的扩展，从而降低磨削力。

2）工件材料软化效应。超声振动辅助磨削过程中，工件作超声振动，工件材料的硬度随其振动频率和振幅而变化，称之为工件超声振动时的等效硬度特性。在超声振动作用下，工件内部产生的振动应力在抵消工件原有的内部应力后所保持的应力，就是该状态下工件的硬度。工件由超声振动引起的振动应力计算公式[126]为

$$\sigma = AE\frac{\omega}{c}\sin\left(\frac{\omega}{c}x\right)\sin(\omega t) \qquad (4\text{-}59)$$

式中，c 为超声波在工件材料中的传播速度，m/s；$c = \sqrt{E/\rho}$ 。

当 A=10μm，f=20kHz 时，烧结 NdFeB 永磁体材料的内部振动应力降低为静态下抗拉强度的 27.1%。由此可见，超声振动使烧结 NdFeB 永磁体材料的力学性能发生了根本变化，表现为硬度的降低，改变了材料的可加工性，使磨削力降低。本章有关切削变形力理论分析中，在相同加工参数下，超声振动辅助磨削的单位磨削力之所以低于普通磨削，同样是因为工件超声振动时的等效硬度特性。这从另一个侧面证明超声振动对工件材料的软化效应。

根据式（4-59）可以得出工件所能承受的最大振幅 A_c：

$$A_c = \frac{\lambda\sigma_b}{2\pi E} \qquad (4\text{-}60)$$

式中，σ_b 为工件材料的静态抗拉强度，MPa。

对于烧结 NdFeB 永磁体材料，当 A_c=36.8μm 时，工件可能会因超声振动而断裂。

3）超声振动润滑效应。工件施加超声振动后，工件表面变得非常光滑，类似

附着一层油膜，这对减小工件与工具间的摩擦起到很大作用。本章有关摩擦力的研究已经证明，超声振动使磨削过程中磨粒与工件间的摩擦系数迅速降低，约为无振动时的 15～50%。摩擦系数的降低使摩擦力引起的切向力 F_{ts} 和法向力 F_{ns} 大幅降低，从而降低了总磨削力。

（2）磨削力比。磨削力比 $= F_n/F_t$，是评价材料可磨削性的重要参数。磨削力比高，说明材料主要以法向磨削力的压溃作用去除材料；磨削力比低，说明切向磨削力对材料的去除起主要作用，材料大部分以塑性剪切方式去除。

三种超声振动辅加方式均使磨削力比有较大幅度的降低。相比较而言，轴向超声振动使之降低得最为明显，切向超声振动略次之，径向超声振动最弱。

图 4-19 给出了四种加工方式下磨削力比随各磨削参数的变化曲线图。无超声振动辅助磨削过程中，磨削力比随磨削深度和工件速度的增加而快速增加，最高达 3.6；在径向超声振动辅助磨削过程中，磨削力比在 1.3～2 之间；在切向超声振动辅助磨削过程中，磨削力比基本在 1～1.5 之间，并且最低点低于 1；在轴向超声振动辅助磨削过程中，磨削力比在 0.8～1.3 之间。因此，切向和轴向超声振动辅助磨削过程中，磨削参数满足一定条件时会出现切向磨削力大于法向磨削力的情况，即烧结 NdFeB 永磁体材料以塑性剪切方式去除为主；径向超声振动使磨削力比降低，一定程度上影响着工件材料的去除方式。总之，磨削力比的降低表明，超声振动的引入在很大程度上改善了工件材料的可磨削性，尤其以切向和轴向超声振动的影响最为显著。

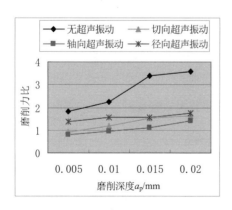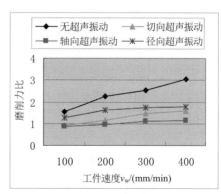

图 4-19　四种加工方式下磨削力比的变化曲线

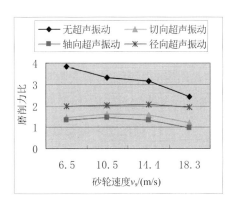

图 4-19　四种加工方式下磨削力比的变化曲线（续图）

4.3　小结

建立了四种加工方式下单颗磨粒磨削力数学模型，从切削变形力和摩擦力两方面进行理论与试验研究，得出如下结论：

（1）根据磨削力数学模型，结合磨削力试验结果，得出以下结论：相同加工条件下，径向和切向超声振动辅助磨削过程中的单位磨削力低于普通磨削，这是工件超声振动的材料软化效应和冲击作用的结果；轴向超声振动辅助磨削过程中，超声振动振幅和频率的增加有助于磨削力的降低，而砂轮速度的增加减弱了超声振动对磨削力的影响。

（2）摩擦力的研究表明，工件沿切向、轴向或径向超声振动均使摩擦系数降低，切向超声振动使摩擦系数的降低最为明显。

（3）磨削力随着砂轮磨粒直径、磨削深度和工件速度的增加基本呈上升的趋势；随着砂轮速度的增加呈降低的趋势。

（4）超声振动使磨削力随着磨削用量变化的趋势减缓，但均对磨削力产生很大的影响。对于切向磨削力 F_t，轴向超声振动使之大幅度上升，切向超声振动次之，径向超声振动使之下降；对于法向磨削力 F_n，三种超声振动方式均使之大幅降低，其中径向超声振动的影响最为明显，切向超声振动次之，轴向超声振动的影响最弱。

（5）三种超声振动方式使总磨削力降低。超声振动冲击作用、工件材料软化效应和超声振动润滑效应是磨削力降低的主要原因。

（6）三种超声振动方式均使磨削力比有较大幅度的降低。轴向超声振动使之降低得最为明显，磨削力比在 0.8～1.3 之间；切向超声振动次之，磨削力比基本在 1～1.5 之间，并且最低点低于 1；径向超声振动最弱，磨削力比在 1.3～2 之间；轴向和切向超声振动在很大程度上改善了工件材料的可磨削性。

第5章　超声振动辅助磨削材料去除机理研究

随着科技与生产的发展，硬脆材料（NdFeB 永磁材料、工程陶瓷、光学玻璃等）的应用日趋广泛。由于硬脆材料的脆性较大，加工时在磨粒作用下易发生断裂，因此其加工机理比金属材料加工更为复杂。近几十年来，众多学者对脆性材料去除机理的研究结果表明[109-113]，超声振动塑性磨削与普通塑性磨削的材料去除机理不同，超声振动塑性磨削除了使材料剪切破坏外，还使材料在高频振动下发生疲劳破坏，加速材料的去除，故比普通磨削效率更高；实现超声振动塑性磨削的条件不仅与磨削深度有关，还与振幅和频率有关；超声波磨削加工能够综合超声波加工和高速磨削加工的特点，可改善工件的表面质量。然而，脆性材料延性域磨削机理复杂，对延性域磨削的条件尚无深入的了解，将次新工艺用于各种硬脆性材料的加工还有许多问题尚未解决。

近几十年来，众多学者对脆性材料的去除机理做了大量的研究工作，研究结果表明[126,127]，材料去除主要基于以下机理：脆性去除、塑性成型去除、粉末化去除方式等。脆性去除与压头在脆性材料上形成的压痕类似，主要有两种形式的裂纹：使材料去除的横向裂纹和使强度降低的中位裂纹。对于脆性断裂，材料的去除靠裂纹的成型或延展、剥落、碎裂及空隙等方式实现。对于塑性成型去除，材料以剪切切屑成型方式去除，这种方式与金属磨削中的切屑成型相似，涉及滑擦、耕犁和切屑成型。材料粉末化机理是磨削过程中磨粒引起的局部剪切应力场使晶界和晶间产生微破碎，陶瓷材料晶粒被碎裂成更细的晶粒，并形成粉末域。

根据对陶瓷材料进行的实验观察表明[128-133]：中位裂纹只有在压痕压制载荷 P 达到或超过临界值 P^* 时才出现，即材料主要以脆性断裂方式去除；当压痕压制载荷低于这一临界值时，压痕过程只导致材料表面的局部塑性变形，或者形成锥形裂纹和径向裂纹。根据压痕裂纹成核模型，压痕微开裂临界载荷与材料的硬度和韧性有关。产生横向裂纹的临界载荷 P^* 为

$$P* = \lambda_0 \left(\frac{K_{IC}}{H_v} \right)^3 K_{IC} \tag{5-1}$$

式中，K_{IC} 为陶瓷材料的断裂韧性，$MPa \cdot m^{1/2}$；λ_0 为系数，取值为 13500～20000；H_v 为材料的硬度，MPa。

当接触载荷 $P >> P*$ 时，材料表面的接触损伤主要表现为微开裂；当 $P << P*$ 时，材料表面的接触损伤主要表现为不可逆形变；而当 $P = P*$ 时，形变和微开裂可能同时发生。据此可以看出，$P*$ 是评价脆性材料可加工性的一个参数。亦即，为了使材料易于加工、降低加工成本，在对材料的实际应用不产生影响的前提下，通过调整制作工艺降低材料的硬度，同时提高材料的韧性，是尽可能少地引起材料表面微开裂，从而保证加工质量的有效措施。

在一定的条件下，即使是玻璃陶瓷那样的脆性材料通过超精密磨削也能产生无裂纹、无缺陷的表面，这种加工称为延性域磨削[133]。然而，脆性材料延性域磨削机理复杂，延性域磨削的条件尚无深入的了解，将此新工艺用于各种硬脆性材料的加工还有许多问题尚未解决。本章将通过几种不同加工方法对烧结 NdFeB 永磁体材料进行磨削试验，研究难加工材料脆性—延性转化特性，通过扫面电镜对加工表面进行分析，判断材料的去除方式；通过观察磨削表面断面形貌，分析加工表面特征，进一步了解超声振动的施加及其不同施加方式对材料去除机理的影响，以便推动和促进延性域磨削新工艺的应用和发展。

5.1　超声振动辅助磨削材料去除机理试验研究

硬脆性材料因硬度高、脆性大，其材料去除机理主要有以下几种：晶粒去除、剥落、脆性断裂、破碎、晶界微破碎等脆性去除方式，粉末化去除和塑性去除方式等。下面主要通过试验研究切向、轴向和径向超声振动辅助磨削加工方式下各因素对材料去除机理的影响。

5.1.1　试验装置与方法

工件材料采用烧结 NdFeB 永磁体材料，其力学性能见表 5-1。

表 5-1 烧结 NdFeB 永磁体材料性能

力学性能 　　　　　　　　材料	NdFeB
抗弯强度/MPa	399.2
抗拉强度/MPa	80
抗压强度/MPa	780
断裂韧性/（MPa·m$^{1/2}$）	4.27
硬度/Hv	570
弹性模量/GPa	160
泊松比	0.24

试验设备如图 3-13 所示，普通磨削和切向超声振动辅助磨削工装系统如图 3-14 所示，径向和轴向超声振动辅助磨削工装系统如图 4-13（a）和（b）所示。

试验分四组进行，分别研究普通磨削与切向、轴向和径向超声振动辅助磨削加工烧结 NdFeB 永磁体材料的去除机理。每组试验分为两个部分：砂轮粒度及磨削用量对材料去除机理的影响。

为了探讨砂轮磨粒尺寸对脆性材料去除机理的影响，采用单因素试验法，选择 140$^\#$、200$^\#$、W40 和 W10 四种粒度的砂轮，以相同的磨削条件对工件表面进行周边磨削。试验方案见表 4-6。

为了研究砂轮磨削深度对材料去除机理的影响，用 200$^\#$CBN 砂轮加工烧结 NdFeB 永磁体材料；在四种加工方式下按表 5-2 所示方案进行试验。

表 5-2 磨削深度对材料去除机理影响的试验方案

磨削方法	无超声振动、切向、轴向和径向超声振动磨削，工件振动，干磨
砂轮	粒度 200$^\#$，金属结合剂 CBN 砂轮，浓度 100%，ϕ50mm
工件	烧结 NdFeB 永磁体材料 20×15×5（mm）
砂轮速度 v_s	18.3m/s
工件进给速度 v_w	200mm/min
磨削深度 a_p	5、7、10μm
振幅 A	5μm
频率 f	20.8kHz

5.1.2 试验结果分析

5.1.2.1 磨粒尺寸对材料去除机理的影响

图 5-1 给出了磨削参数相同时，四种加工方式下，不同粒度砂轮磨削烧结 NdFeB 永磁体材料的加工表面 SEM 照片。

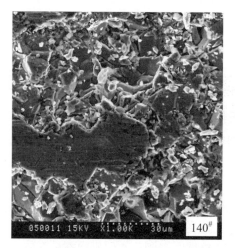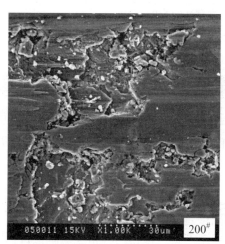

（a）普通磨削

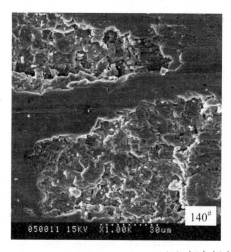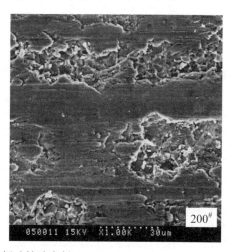

（b）切向超声振动辅助磨削

图 5-1　四种加工方式下磨粒尺寸对材料去除机理的影响

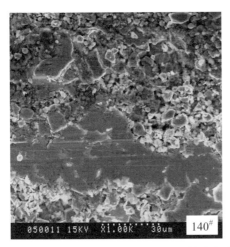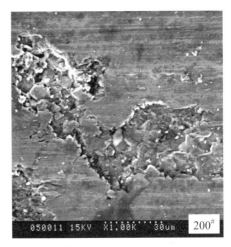

（c）轴向超声振动辅助磨削

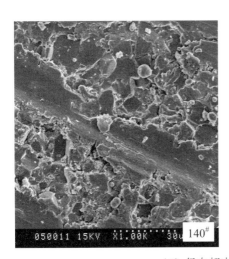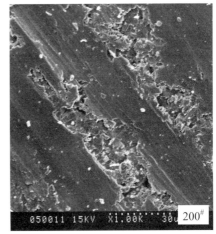

（d）径向超声振动辅助磨削

图 5-1　四种加工方式下磨粒尺寸对材料去除机理的影响（续图）

　　可以看出，磨粒尺寸大时，磨削表面主要由断裂破碎区组成，材料以脆性沿晶断裂方式去除，在破碎区可以看到许多完整晶粒与晶界及少量晶粒破碎断口；而磨粒尺寸较小时，磨削表面由微破碎区与塑性切削区共同组成，可以清楚地看到塑性磨削痕迹，材料以沿晶断裂和穿晶断裂的方式去除，同时伴随部分塑性剪切去除，在破碎区有少量完整晶粒，可以看到因晶粒破碎而产生的微小碎屑。这说明使用细粒度砂轮进行磨削可以使材料脆性断裂的比例减小，塑性变形的比例增大。

当采用微细砂轮进行磨削时，磨削表面主要由塑性磨削划痕组成，破碎区仅占磨削面积的 18% 左右，如图 5-2（a）所示，基本实现材料的塑性剪切去除；工件沿砂轮轴向超声振动，磨削表面质量有明显改善，微破碎区很少，可以观察到明显的塑性磨削沟槽及微小隆起，如图 5-2（b）所示。

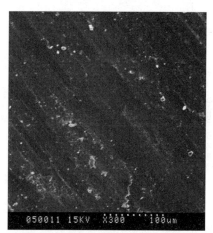

（a）普通磨削　　　　　　　（b）轴向超声振动辅助磨削

图 5-2　W40 砂轮磨削表面

5.1.2.2　磨削深度对材料去除机理的影响

图 5-3 给出了四种加工方式下，不同磨削深度时的加工表面 SEM 照片。

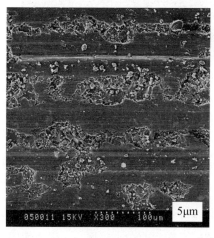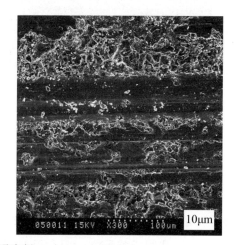

（a）普通磨削

图 5-3　四种加工方式下磨削深度对材料去除的影响

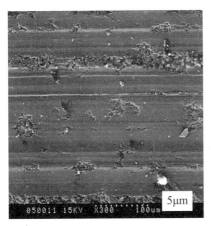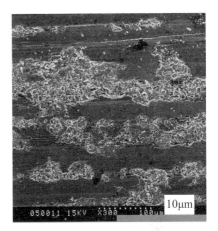

（b）切向超声振动辅助磨削

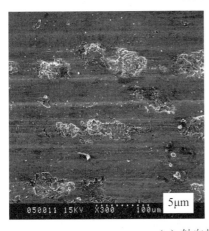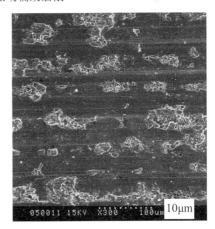

（c）轴向超声振动辅助磨削

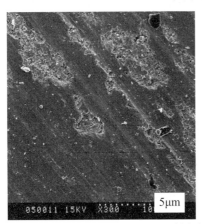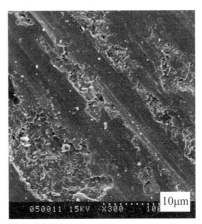

（d）径向超声振动辅助磨削

图 5-3 四种加工方式下磨削深度对材料去除的影响（续图）

可以看出，无论采取何种加工方式，磨削深度小时，材料脆性断裂比例减小，磨削深度大时，材料脆性断裂比例增加。

5.1.2.3 不同超声振动辅加方式对材料去除机理的影响

图 5-4 给出了相同磨削条件下，采用不同加工方式时，加工表面微观形貌。

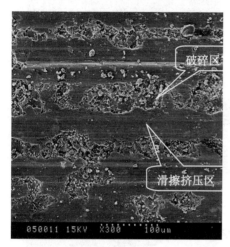

（a）普通磨削

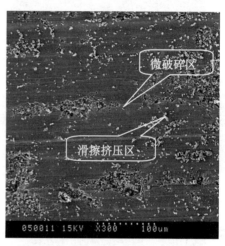

（b）切向超声振动辅助磨削

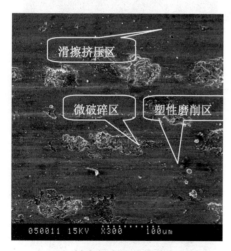

（c）轴向超声振动辅助磨削

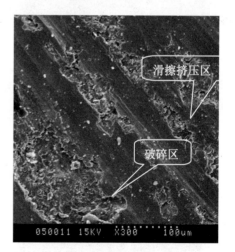

（d）径向超声振动辅助磨削

（砂轮粒度：200/230，v_s=18.3m/s，v_w=400mm/min，a_p=5μm）

图 5-4 四种加工方式下磨削表面微观形貌

由图 5-4（a）可以看出，普通磨削时，磨削表面有大面积的破碎区，且破碎区连续，边缘呈脆崩断裂状。断裂沟槽深而宽，断裂边缘有裂纹，破碎区内可以看到完整的晶粒、少量碎晶及磨屑，如图 5-5（a）所示。

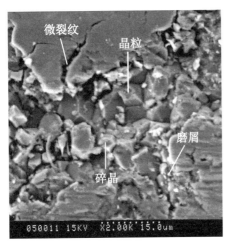

（a）普通磨削

（b）切向超声振动辅助磨削

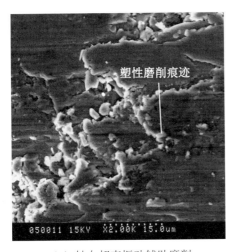

（c）轴向超声振动辅助磨削

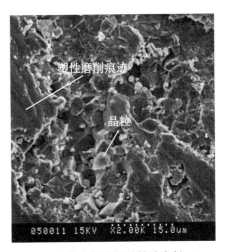

（d）径向超声振动辅助磨削

图 5-5　四种加工方式下磨削表面的材料去除

切向超声振动辅助磨削时，磨削表面由微破碎区、弹性滑擦挤压区及塑性磨削区组成，磨削表面质量较好，如图 5-4（b）所示。破碎区占磨削表面 20%左右，破碎面积小，沿同一方向呈断续分布，破碎边缘与滑擦挤压区界限不是很明显。断裂破碎沟槽浅而窄，破碎区内有塑性磨削痕迹，可以看到个别完整的晶粒，如图5-5（b）所示。在切向超声振动辅助磨削过程中，材料主要以穿晶断裂、塑性剪切及少量沿晶断裂方式去除。根据第3章的单颗磨粒切削深度的分析结果，切向超声振动辅助磨削时，单颗磨粒切削深度比普通磨削深，但磨削表面的脆性断裂区却较浅，这是因为超声振动的冲击作用使加工表面产生大量多层次微裂纹，使径向裂纹还未来得及进一步延伸就被横裂纹截断，导致材料的去除。

轴向超声振动辅助磨削时，磨削表面由少量微破碎区、弹性滑擦挤压区及塑性磨削区组成，如图5-4（c）所示。破碎区占磨削表面18%左右，单个破碎面积较小，错落断续分布，破碎边缘与滑擦挤压区界限不明显；断裂破碎沟槽浅而且较宽，破碎区内有明显的塑性磨削痕迹，基本看不到完整的晶粒，如图5-5（c）所示。轴向超声振动辅助磨削加工过程中，材料主要以穿晶断裂与塑性剪切方式去除。

径向超声振动辅助磨削时，磨削表面由大量的微破碎区、弹性滑擦挤压区组成，如图5-4（d）所示。破碎区占磨削表面比例较大，单个破碎面积较大，破碎边缘与滑擦挤压区界限不明显；断裂破碎沟槽较深，可以看到完整的晶粒，破碎边缘内有塑性磨削痕迹，如图5-5（d）所示。这说明径向超声振动辅助磨削加工过程中，材料主要以穿晶脆性断裂方式去除，同时伴随着弹性滑擦现象。

5.2 超声振动辅助磨削脆性材料的脆-塑性转变临界条件

1988年，T. G. Bifano[22]用显微压痕法研究了静态载荷下硬脆性材料不产生裂纹的临界切削深度：

$$d_c = k \cdot \left(\frac{E}{H_v} \right) \cdot \left(\frac{K_{IC}}{H_v} \right)^2 \tag{5-2}$$

式中，k 为根据材料特性确定的常数，$k=0.15$；E 为材料的弹性模量，MPa；H_v 为材料的硬度，MPa；K_{IC} 为材料的静态断裂韧性，MPa·m$^{1/2}$。

在磨削加工过程中，通过计算单颗磨粒的最大切削深度 a_{gmax}，可以从理论上推断出硬脆性材料去除从脆性向延性转变的条件。磨削加工是一个非常复杂的过程，尤其是磨削时砂轮与工件之间有较大的弹性回让，往往导致几十个纳米的磨削深度无法实现。这就需要在保证机床有足够高刚度的条件下，调整进给速度、磨削速度 v_s、工件速度 v_w 以及砂轮参数之间的相互匹配关系，以便实现硬脆性材料的延性域磨削加工。

5.2.1 脆-塑性转变临界条件理论分析

Geoge 等人用测定硬脆材料（陶瓷、玻璃及石英等）硬度的压痕研究方法分析了硬脆材料在载荷作用下的断裂机理，若压痕仅由材料的显微塑性变形形成，则作用载荷与压痕特征尺寸 $2c$ 有如下关系：

$$P = \alpha \cdot H_v \cdot c^2 \tag{5-3}$$

式中，P 为作用载荷，N；α 为压头几何因子，维氏压头，$\alpha=1.8544$。

磨削过程中，磨粒作用在工件上的剖面图与压痕形貌非常相似，所不同的是在压痕试验中，金刚石压头的四个面均与工件接触，即相当于八面体的磨粒形状。对于磨粒来说，仅仅是四面体上的一个面或两个面与工件始终接触。由磨削原理可知，磨削力取决于磨粒切削厚度的大小，图 5-6 表示磨粒的实际磨削状态，压痕或磨粒切痕特征尺寸：$c = a_g \cdot \mathrm{tg}\delta$。

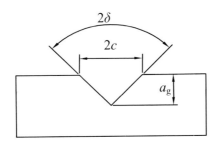

图 5-6　磨粒切削状态

在磨削过程中，只有磨粒的半边在承载，按照材料显微硬度的测试方法，磨粒与工件的接触表面积 A_g 为

$$A_g = c^2 = \frac{1}{2} \cdot a_g^2 \cdot \tan^2 \delta \tag{5-4}$$

由式（5-3）和（5-4）可求出作用载荷 P

$$P = \frac{1}{2} \cdot \alpha \cdot \tan^2 \delta \cdot a_g^2 \cdot H_v \tag{5-5}$$

临界载荷 P^* 为

$$P^* = \lambda_0 \left(\frac{K_{IC}}{H_v} \right)^3 K_{IC} \tag{5-6}$$

磨削过程中，每个磨粒均在作断续加工，在磨粒与工件接触的瞬间，便会产生很大的冲击作用。根据 Kalthoff 等人对冲击载荷下动态断裂韧性的研究表明，仅仅把冲击载荷代入静态应力强度因子公式，并依此来确定动态应力强度因子是错误的，也就是说，用静态断裂韧性 K_{IC} 来研究动态裂纹起始规律，并不能正确反映材料在冲击载荷作用下的动态断裂特征。Clifton 等人利用平板冲击试样研究动态断裂规律，结果表明，以同样大的力作用在金属材料表面，动态断裂韧性 K_{Id} 大约为静态断裂韧性 K_{IC} 的 60%。对于硬脆材料，动态断裂韧性 K_{Id} 大约为静态断裂韧性的 30%，有时甚至更低。由于磨粒冲击工件表面，加上机床主轴系统高速回转运动，在短暂接触时间内将产生很大的冲量，造成的冲击相当大。这样，在试件表面所产生的磨痕效应与压痕试验中缓慢加载下形成的压痕相比在形状和尺寸上截然不同。因此，在式（5-6）中应用 K_{Id} 代替 K_{IC}，动态冲击载荷 P_d^* 代替静态临界载荷 P^* 更符合实际磨削过程。

联立式（5-5）和式（5-6）可得单颗磨粒的临界切削深度 a_{gc} 为

$$a_{gc} = \text{ctg}\delta \cdot \sqrt{\frac{2\lambda_0}{c} \cdot \left(\frac{K_{Id}}{H_v} \right)^2} \tag{5-7}$$

由上述分析可知，硬脆性材料要获得延性域磨削，磨粒在动态下的切削深度一定要小于静态下材料不发生裂纹和损伤时的临界压痕深度，二者的关系完全由材料的动态断裂韧性 K_{Id} 与静态断裂韧性 K_{IC} 之间的关系来确定。在精密与超精密加工过程中，为了正确分析硬脆性材料脆-塑性转变的临界条件，一方面需要正确选择工艺参数，另一方面要考虑与硬脆性材料有关的特性参数。显然，当 K_{IC}、K_{Id}、E 增大，H_v 减少时，硬脆性材料容易由脆性向塑性磨削状态转变，反之亦然。

在超声振动辅助磨削过程中，超声振动的引入对工件材料具有软化效应，在一定程度上降低了工件材料的硬度 H_v；同时，超声振动的引入降低了砂轮与工件之间的弹性回让，使加工过程更加稳定，动态冲击作用减小，表现为材料的动态断裂韧性 K_{Id} 有所增加。因此，临界切削深度 a_{gc} 增大。根据第 3 章对各种加工方式下磨削力的研究结果可知，当材料以相同方式去除时，超声振动的引入有助于磨削力的降低。根据中位裂纹的产生条件，作用于工件的法向磨削力降低，裂纹不易产生，因而可以适当增加磨削深度，亦即超声振动的引入可以使临界切削深度 a_{gc} 增大。

5.2.2　不同超声振动方式对脆-塑性转变临界条件的影响

王军等人[136-140]指出，超声振动塑性磨削与普通塑性磨削的材料去除机理不同，超声振动塑性磨削除了使材料剪切破坏外，还使材料在高频振动下发生疲劳破坏，加速材料的去除。此外，超声振动磨削不仅可以采用较大的磨削用量，还能减少砂轮修整时间。因此，超声振动辅助磨削综合了超声波加工和高速磨削加工的特点，可以改善工件的表面质量。实现超声振动塑性磨削的条件不仅与磨削深度有关，还与振幅和频率有关。

由图 5-3 可以看出，切向（分离型超声振动辅助磨削）和轴向超声振动的引入有助于材料的去除方式从脆性断裂向塑性剪切转变，而径向超声振动的引入使临界切削深度 a_{gc} 减小，使材料更倾向于以脆性断裂的方式去除。试验结果表明：切向（分离型超声振动辅助磨削）和轴向超声振动的引入大大降低了磨削表面的材料破碎率，有利于材料以塑性剪切方式去除；采用 W40CBN 砂轮，磨削深度为 5μm，工件进给速度为 400mm/min，砂轮速度为 18.3m/s，振幅 4μm，频率 22kHz 时，磨削表面破碎率约为 8%，基本上实现了材料的塑性去除。

5.3　小结

（1）系统研究了砂轮粒度、磨削深度、不同超声振动辅加方式下加工表面的脆塑性显微形貌特征，得出结论：砂轮磨粒尺寸对材料的去除方式有较大的影响，磨粒尺寸小可以使材料的脆性断裂比例减小，塑性变形的比例加大；各种加工方式下，磨削深度大时，材料脆性断裂的比例增加，磨削深度小时，材料脆性断裂的比例减小；切向超声振动辅助磨削加工过程中，工件材料主要以穿晶断裂、塑性剪切及少量沿晶断裂的方式去除；轴向超声振动辅助磨削加工过程中，工件材料主要以穿晶断裂与塑性剪切的方式去除；径向超声振动辅助磨削加工过程中，工件材料主要以断裂破碎的方式去除，而且加工表面残留裂纹。

（2）满足一定的加工条件时，可以实现脆性材料的塑性加工；砂轮粒度微细化、磨削深度微量化是实现材料脆-塑性转变的重要条件；不同的超声振动辅加方式对材料的去除方式有很大影响。

（3）结合脆性材料脆-塑性转变的临界条件，证明切向和轴向超声振动有助于材料的去除方式从脆性断裂向塑性剪切转变，而径向超声振动使临界切削深度 a_{gc} 减小，使材料更倾向于以脆性断裂的方式去除。

第6章 超声振动辅助磨削加工表面质量研究

机械零件的使用性能在很大程度上取决于零件的加工表面质量，表面质量包括两方面的内容：表面几何学特性和表面物理学特性。

已加工表面的几何形貌与材料的去除机理有密切关系，而材料的去除机理是由材料的性质和加工方法决定的。在磨削加工过程中，已加工表面的切痕是该处未被后续磨粒切削而形成的。磨削加工表面粗糙度是由砂轮上的磨粒在工件表面上切削形成的残留痕迹及磨床、工件、砂轮系统振动所引起的振纹组成。磨削振动是一个极复杂的问题，有许多学者对此进行过深入研究，本文仅考虑磨粒在工件表面形成的残留痕迹对表面粗糙度的影响。

根据以往的研究：提高砂轮速度有利于降低工件表面粗糙度值；同时还能降低磨削力，减小砂轮磨损，提高磨削比[141-143]。小野浩二和松井正己对磨削表面粗糙度进行了理论分析，并给出磨削表面粗糙度的表达式。他们的研究结果表明，磨削表面粗糙度与磨削深度无关，但使用普通磨料砂轮磨削时，磨削表面粗糙度随着磨削深度的增大而明显增大。这主要是因为普通磨料砂轮磨削时，磨削力 F_n 较大，磨削表面粗糙度 $R_a \propto F_n$。当磨削深度增加时，F_n 增大，从而导致 R_a 增大。

磨削加工表面质量包括表面粗糙度、加工表面硬度变化和残余应力三个方面，表面粗糙度是人们普遍关注的首要问题。为了便于分析，本书在建立加工表面粗糙度理论模型时，进行以下假设：

（1）磨粒切削刃均匀分布在同一圆周半径上。

（2）磨粒均为底圆直径为 d_0，顶锥角为 2δ 的圆锥体。

（3）磨粒切过的地方均形成切屑，无犁耕堆积现象。

（4）不计砂轮磨粒磨损和机床振动的影响。

（5）忽略砂轮弹性退让现象。

6.1 加工表面粗糙度理论分析

基于磨削表面创成机理对各种加工方式下的表面粗糙度进行理论分析，并建立其数学模型。

6.1.1 普通磨削

6.1.1.1 加工表面创成机理

在普通磨削过程中，磨粒切刃 X 的切削痕迹为 AC，后续磨粒切刃 Y 的切削痕迹为 A'C'，其交点为 N。这样，工件加工表面 AA'形成，如图 6-1 所示。

图 6-1 连续切削刃加工表面形成

根据假设条件，普通磨削加工过程中磨粒切削刃在加工表面留下的加工痕迹为相互平行的直线[17]，如图 6-2 所示。

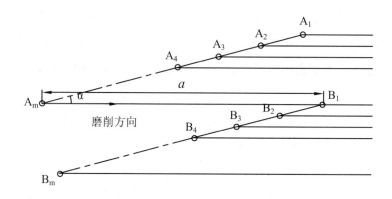

图 6-2 普通磨削磨粒切削刃运动轨迹

普通磨削过程中，沿磨削方向加工表面的形成如图 6-3（a）所示，图中黑色阴影部分为残留在工件加工表面的材料，残留这些材料的原因是连续切削刃间隔 a 的存在。在垂直于磨削方向，磨粒切削刃切削痕迹如图 6-3（b）所示，图中黑色阴影部分也是残留在工件加工表面未被切除的材料，残留这些材料的原因是磨粒沿砂轮轴向的分布存在间隔。

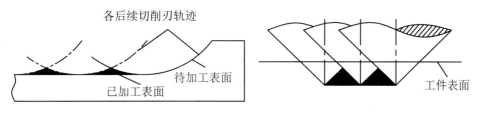

（a）沿磨削方向   （b）垂直磨削方向

图 6-3   普通磨削加工表面创成过程

经过上述磨削过程后，工件加工表面沿磨削方向与垂直磨削方向的断面如图 6-4 所示。

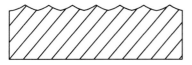
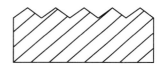

（a）沿磨削方向工件加工表面外貌   （b）垂直磨削方向工件加工表面外貌

图 6-4   工件加工表面断面

6.1.1.2   加工表面粗糙度数学模型的建立

图 6-5 表明平面磨削加工时，一对连续切削刃的切削过程。

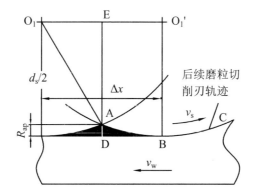

图 6-5   一对连续磨粒切削刃的切削过程

逆磨时，后续切削刃在 A 点和工件开始接触，经过曲线路径到达 C 点，顺磨时，则相反。相对于工件而言的切削路径 ABC 是砂轮圆周速度 v_s 和工件进给速度 v_w 的切向速度合成的一条摆线[80]。前一磨粒切削刃的切削路径沿工件表面平移的距离 Δx 等于转过连续切削刃间隔 a 所需时间内的工件平移量，即：$\Delta x = \dfrac{av_w}{v_s}$。

（1）沿磨削方向的加工表面粗糙度 R_{ap}。

图 6-5 中，黑色阴影部分即为加工表面粗糙度 R_{ap}。磨削加工时，理论残留面积高度 R_{ap} 为

$$R_{ap} = AD = ED - EA$$

在直角三角形 AEO_1 中，$AO_1 = d_s/2$，$EO_1 = \Delta x/2$，从而可得

$$AE = \sqrt{(d_s/2)^2 - (\Delta x/2)^2}$$

所以，在磨削方向的加工表面粗糙度 R_{ap} 的计算公式为

$$R_{ap} = \frac{d_s}{2} - \sqrt{\left(\frac{d_s}{2}\right)^2 - \frac{1}{4} \cdot \left(\frac{av_w}{v_s}\right)^2} \tag{6-1}$$

由式（6-1）可以看出，连续切削刃间隔 a 越大，R_{ap} 越大；v_w 越大，R_{ap} 越大；v_s 越大（砂轮转速越高），R_{ap} 越小。根据式（6-1）可以绘制加工表面粗糙度随各加工参数变化的线图（图 6-6）。

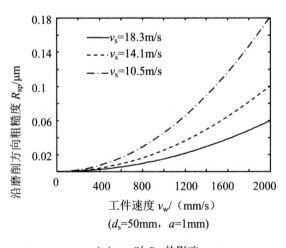

（a）v_w 对 R_{ap} 的影响

图 6-6 各加工参数对 R_{ap} 的影响

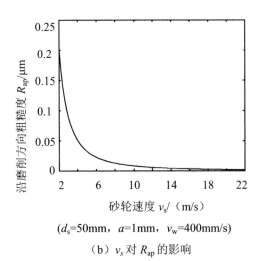

$(d_s=50\text{mm},\ a=1\text{mm},\ v_w=400\text{mm/s})$

（b）v_s 对 R_{ap} 的影响

图 6-6　各加工参数对 R_{ap} 的影响（续图）

计算 R_{ap} 的另一种方法：图 6-7 为 xoy 平面内一对连续切削刃在同一时域的切削轨迹。粗糙度 R_{ap} 的值即为 A 点的纵坐标 y。

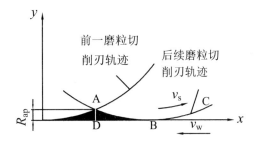

图 6-7　一对连续切削刃的实际加工轨迹

根据第 3 章给出的连续切削刃在同一时域的运动轨迹参数方程，一对连续切削刃切削轨迹存在交点的条件为：前一磨粒切削刃在 t_1 时刻的参数坐标$[x(t_1)$，$y(t_1)]$与后续磨粒切刃 t_2 时刻的参数坐标$[x'(t_2)$，$y'(t_2)]$相同，即

$$v_w t_1 + \frac{d_s}{2}\sin\omega_s t_1 = v_w t_2 + \frac{d_s}{2}\sin\omega_s\left(t_2 - \frac{a}{v_s}\right) \right\} \qquad (6\text{-}2.1)$$

$$\frac{d_s}{2}\cos\omega_s t_1 = \frac{d_s}{2}\cos\omega_s\left(t_2 - \frac{a}{v_s}\right) \qquad (6\text{-}2.2)$$

整理求解上式得

$$2v_w t_1 - \frac{v_w a}{v_s} + d_s \sin \omega_s t_1 = 0 \quad t_1 \in (0, a/v_s) \right\}$$ (6-3.1)

$$t_1 = \frac{a}{v_s} - t_2$$ (6-3.2)

假如已知砂轮参数和各磨削用量，根据式（6-3.1）即可求出时刻 t_1 的值。那么计算沿磨削方向的加工表面粗糙度 R_{ap} 的公式为

$$R_{ap} = AD = y(t_1) = \frac{d_s}{2} - \frac{d_s}{2} \cos \omega_s t_1$$ (6-4)

工件速度 v_w 在两种计算方法下对 R_{ap} 的影响如图 6-8 所示。第一种方法在建立加工表面粗糙度 R_{ap} 数学模型时，将磨粒切削刃的切削轨迹简化为圆弧，忽略了工件进给速度 v_w 对磨粒切削刃运动轨迹的影响，这在 v_w 取大值或连续切削刃间隔 a 较大时产生一定的误差。而第二种方法是按磨粒切削刃的实际理论切削轨迹进行分析计算，从而建立加工表面粗糙度 R_{ap} 的数学模型，因而比第一种方法更精确，更接近实际加工过程。

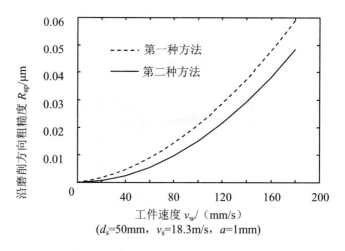

图 6-8　两种计算方法下 v_w 对 R_{ap} 的影响曲线

（2）垂直于磨削方向的加工表面粗糙度 R_{av}。图 6-9 中，黑色阴影部分即为加工表面粗糙度 R_{av}。其高度为

$$R_{av} = \frac{b_g}{2} \cdot \text{ctg}\delta \qquad (6\text{-}5)$$

式中，b_g 为加工表面上沿磨削方向的磨痕间隔；δ 为磨粒半顶锥角。

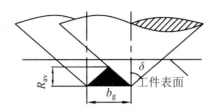

图 6-9 砂轮轴向相邻两磨粒切削状态图

式（6-5）中，磨痕间隔 b_g、连续切削刃间隔 a 及磨粒半顶锥角 δ 等参数均与砂轮的结构、粒度有关。a、b_g 与砂轮表面磨粒平均间隔 w 的关系为

$$a = \frac{w^2}{b_g}$$

式中，w 为砂轮表面磨粒平均间隔。

在实际磨削过程中，a、b_g、w 及 δ 是按一定统计规律分布的。若取其平均值，则上述粗糙度计算公式就表示一定意义上的平均粗糙度。式（6-1）、（6-4）和式（6-5）是普通磨削的几何表面粗糙度，对定性分析磨削条件对加工表面粗糙度的影响有一定的指导意义。

（3）普通磨削加工表面粗糙度 R_a。工件加工表面粗糙度是由沿磨削方向的加工表面粗糙度 R_{ap} 和垂直磨削方向的加工表面粗糙度 R_{av} 共同组成的，即

$$R_a = R_{ap} + R_{av} \qquad (6\text{-}6)$$

6.1.2 切向超声振动辅助磨削

6.1.2.1 加工表面创成机理

基于第 3 章的分析，切向超声振动辅助磨削加工表面的创成机理存在两种情况。

（1）$\dfrac{v_w a}{v_s} + A\sin\dfrac{(n+1)a\omega}{v_s} - A\sin\dfrac{na\omega}{v_s} > 0$ 时，表面创成机理与普通磨削类似，是由后续切削刃完成的，所不同的是由于切向超声振动的引入，单颗磨粒的最大

切削深度比普通磨削的深；每一对连续切削刃的切削过程不同。

当 $\dfrac{naf}{v_s}=Z$（Z 为整数），切向超声振动辅助磨削只能为连续加工过程，所形

成的加工表面与普通磨削的相同，加工表面粗糙度的数学模型和普通磨削一致。

（2）$\dfrac{v_w a}{v_s}+A\sin\dfrac{2a\omega}{v_s}-A\sin\dfrac{a\omega}{v_s}<0$ 时，表面创成机理与普通磨削不同，加工

表面不仅由后续切削刃完成，如图 6-10 所示。

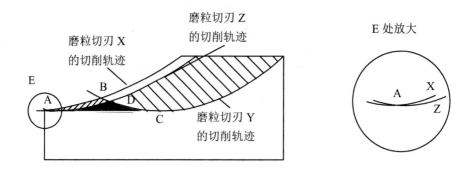

图 6-10　切向振动磨削加工表面的形成

图 6-10 中，磨粒 Y 是 X 的后续切削刃，磨粒 Z 是 Y 的后续切削刃。在普通磨削过程中，后续切削刃 Y 切过之后便形成加工表面，留下材料 ABC 不能被切除；而在切向超声振动辅助磨削过程中，后续切削刃 Y 切过之后，磨粒切削刃 Z 对留下的材料 ABC 再次进行切削，切掉材料 ABD，材料 ADC 不能被切除从而形成加工表面粗糙度。这说明后面的磨粒切削刃会对前面的磨粒切削刃留下的材料继续进行切除。存在这种情况的原因是：切向超声振动的引入使磨粒切削刃 Z 切入工件时的水平方向位置落后于磨粒切削刃 Y。

6.1.2.2　加工表面粗糙度数学模型的建立

（1）$\dfrac{v_w a}{v_s}+A\sin\dfrac{(n+1)a\omega}{v_s}-A\sin\dfrac{na\omega}{v_s}>0$ 时，根据加工表面创成机理，图 6-11

（a）中 BG 即为沿磨削方向的粗糙度 R_{tap}。

为了方便计算，将各磨粒切削刃的切削轨迹简化为圆弧，则 $O_1B=d_s/2$。

$$R_{\mathrm{tap}} = \mathrm{BG} = \mathrm{O_1F} - \mathrm{O_1D} = \frac{d_s}{2} - \sqrt{\left(\frac{d_s}{2}\right)^2 - \left(\frac{\mathrm{FC}}{2}\right)^2} \qquad (6\text{-}7)$$

其中，

$$\mathrm{FC} = (v_w t + A \sin \omega t)\big|_{t=(n+1)a/v_s} - (v_w t + A \sin \omega t)\big|_{t=na/v_s}$$

$$= \frac{v_w a}{v_s} + A \sin \frac{(n+1)a\omega}{v_s} - A \sin \frac{na\omega}{v_s}$$

所以，R_{tap} 的计算公式为

$$R_{\mathrm{tap}} = \frac{d_s}{2} - \sqrt{\left(\frac{d_s}{2}\right)^2 - \frac{1}{4} \cdot \left(\frac{v_w a}{v_s} + 2A \cos \frac{(2n+1)a\omega}{2v_s} \sin \frac{a\omega}{2v_s}\right)^2} \qquad (6\text{-}8)$$

式中，n 为连续切削刃序号，$n=0$，1，2，3，…。

（2）$\dfrac{v_w a}{v_s} + A \sin \dfrac{(n+1)a\omega}{v_s} - A \sin \dfrac{na\omega}{v_s} < 0$ 时，图 6-11（b）中 BG 即为沿磨削

方向粗糙度 R_{tap}，由于形式复杂，不易给出具体公式，但粗糙度值会比较小。

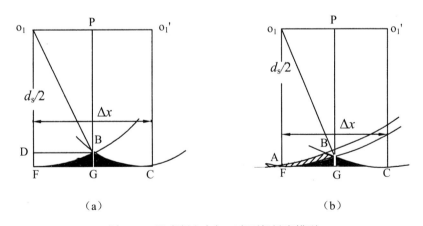

（a）   （b）

图 6-11　沿磨削方向加工表面粗糙度模型

垂直于磨削方向加工表面粗糙度 R_{tav} 与普通磨削相同。

因而，切向超声振动辅助磨削加工表面粗糙度 R_{ta} 为

$$R_{\mathrm{ta}} = R_{\mathrm{tap}} + R_{\mathrm{tav}} = R_{\mathrm{tap}} + R_{\mathrm{av}} \qquad (6\text{-}9)$$

6.1.2.3　各加工参数对加工表面粗糙度的影响

通过上述分析可以看出，切向超声振动辅助磨削过程中，各磨削用量及砂轮

磨粒尺寸对表面粗糙度的影响与普通磨削基本一致，所不同的是：

（1）振幅 A 越大，切向超声振动辅助磨削加工表面粗糙度越大。

（2）频率 f 越高，切向超声振动辅助磨削加工表面粗糙度越小。

6.1.3 轴向超声振动辅助磨削

6.1.3.1 加工表面创成机理

根据第 3 章的分析，轴向超声振动辅助磨削过程中，单颗磨粒切削刃的切削轨迹为正弦曲线。砂轮表面大量磨粒在加工表面留下的切削痕迹如图 6-12 所示，各切削痕迹相互交错，形成网状结构。由此可以看出，加工表面不是由连续切削刃完成，而是各磨粒切削轨迹相互交错完成的。

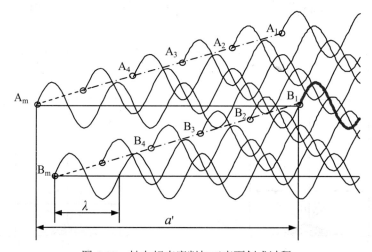

图 6-12 轴向超声磨削加工表面创成过程

可以看出，磨粒 B_1 为磨粒 A_m 的后续切削刃，其间隔为

$$a = n\lambda$$

式中，n 为自然数 1，2，3，…；λ 为磨粒正弦切削轨迹波长，$\lambda = (v_s + v_w)/f$。

由此得知，在轴向超声振动辅助磨削过程中，一对磨粒切削刃成为连续切削刃的条件为：

（1）两磨粒切削轨迹完全重合。

（2）连续切削刃间隔 a 必须为单颗磨粒切削轨迹波长 λ 的整数倍。

这使得传统意义上的后续切削刃数量大大减少。

假定砂轮表面位于不同圆周上的磨粒前后间距为 e。根据公式 $\lambda = (v_s + v_w)/f$，当 v_s、v_w 及 f 取不同值时，λ 不同，则各磨粒切削刃切削痕迹的相互干涉情况不同，如图 6-13 所示。

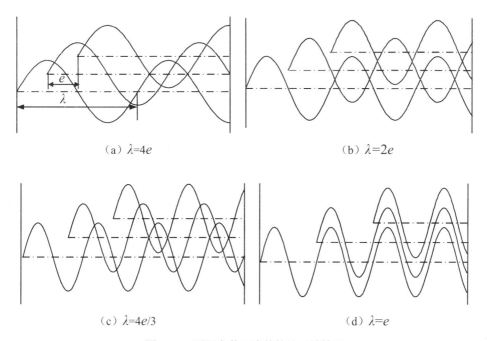

(a) $\lambda = 4e$ (b) $\lambda = 2e$

(c) $\lambda = 4e/3$ (d) $\lambda = e$

图 6-13　不同参数下磨粒轨迹干涉情况

因此，只要磨粒切削刃沿砂轮轴向的距离小于超声振动时的振幅值 A（单边峰值），并且 e 不等于 λ，则磨粒切削刃的切削痕迹就会发生交错干涉，而且在一个波长上交错两次，如图 6-14 所示。

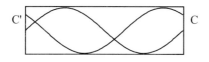

图 6-14　一个周期内磨粒干涉情况

6.1.3.2　加工表面粗糙度数学模型的建立

由于工件表面是由相互交错的网状条纹构成的，如图 6-12 所示，故工件纵（沿磨削方向）、横（垂直磨削方向）两截面的形状均为锯齿形（图 6-15）。因随机相位正弦波的各态历经性，两截面的表面粗糙度将无明显差别。所以，可以计算一个截面的粗糙度作为轴向超声振动辅助磨削表面粗糙度值。

（a）沿磨削方向　　　　　　　　　　　（b）垂直磨削方向

图 6-15　轴向超声振动辅助磨削纵横截面外貌

这样，可通过计算图 6-16 中的 x 值确定表面粗糙度 R_{aa}：

$$R_{aa} = x = \frac{b'_g}{2} \cdot \mathrm{ctg}\delta \qquad (6\text{-}10)$$

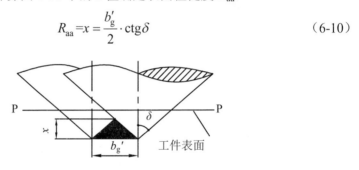

图 6-16　加工表面粗糙度计算模型

b'_g 的计算：在轴向超声振动辅助磨削过程中，每个磨粒切削刃均对其平衡位置上下各 A 宽度内的切痕产生干涉[73]，即干涉宽度为 $2A$。也就是说，对于截面 P-P 上下各 A 宽度内的磨粒切削痕迹均在 P-P 截面内有切痕，如图 6-17 所示。

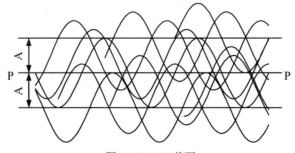

图 6-17　P-P 截面

根据加工表面创成过程，假定形成工件表面 AA' 所用的时间为 t，则 AA' 的长度为 $l = v_w t$。砂轮转过表面距离 $L = v_s t$。则在时间 t 内能在截面 P-P 内产生切削痕迹的磨粒个数为：$N = 2AL / w^2$。由于单颗磨粒每周期内在 P-P 截面内产生两次切削痕迹，所以 N 个磨粒在 P-P 截面内 l 长度上产生的切削痕迹次数为

$$n = 2N \cdot f \cdot t' \tag{6-11}$$

式中，t' 为单颗磨粒经过 AA'弧面所用的时间。$\widehat{AA'} = 2\sqrt{xd_s}$，$t' = 2\sqrt{xd_s}/(v_s + v_w)$。

式（6-11）可以写为

$$n = \frac{4AL \cdot f \cdot \sqrt{xd_s}}{(v_s + v_w)w^2}$$

可得相邻磨粒切痕间隔 b_g' 为

$$b_g' = \frac{l}{n} = \frac{l}{L} \cdot \frac{(v_s + v_w)w^2}{4A \cdot f \cdot \sqrt{xd_s}} = \frac{1}{4} \cdot \frac{v_w}{v_s} \cdot \frac{w^2}{Af} \cdot \frac{(v_s + v_w)}{\sqrt{xd_s}} \tag{6-12}$$

将式（6-12）代入式（6-10）整理得磨削表面粗糙度 R_{aa} 为

$$R_{aa} = \frac{w}{4} \sqrt[3]{\left(\frac{v_w}{v_s}\right)^2 \cdot \left(\frac{v_s + v_w}{Af}\right)^2 \cdot \text{ctg}^2\delta \cdot \frac{w}{d_s}} \tag{6-13}$$

6.1.3.3　各加工参数对加工表面粗糙度的影响

轴向超声振动辅助磨削过程中，各磨削用量及砂轮磨粒尺寸对表面粗糙度的影响与普通磨削基本一致，所不同的是：

（1）振幅 A 越大、频率 f 越高，轴向超声振动磨削表面粗糙度越小。

（2）砂轮速度 v_s 对加工表面粗糙度的影响减弱。

6.1.4　径向超声振动辅助磨削

6.1.4.1　加工表面创成机理

砂轮表面磨粒分布假设：

（1）砂轮同一圆周上的各磨粒切削刃互为后续切削刃，而且均匀分布。

（2）各磨粒序号分别为 $i=0$，1，2，…，n；磨粒记为 G_0，G_1，G_2，…，G_n。

径向超声振动辅助磨削加工表面的创成机理与普通磨削不同。普通磨削加工过程中，加工表面的创成过程为：磨粒切削刃 G_{i+1} 切除 G_i 在磨削区留下的切削痕迹形成工件加工表面 AA'，G_{i+2} 切除 G_{i+1} 在磨削区留下的切削痕迹形成加工表面

BB'，依次类推，直至最终加工表面形成。径向超声振动辅助磨削加工表面创成过程如图 6-18 所示，可以看出，由于工件的径向超声振动，单个磨粒 G_i 在磨削区留下的切削痕迹不仅仅由其后续切削刃 G_{i+1} 切除，G_{i+1} 后面的一些磨粒切削刃也会对其进行切除。也就是说，径向超声振动辅助磨削表面的形成不是单颗磨粒的后续切削刃完成，而是该磨粒后的一系列切刃参与切削的结果。产生该种情况的原因是，工件沿砂轮径向超声振动，砂轮表面单颗磨粒的最大切削深度比普通磨削深一个振幅 A。

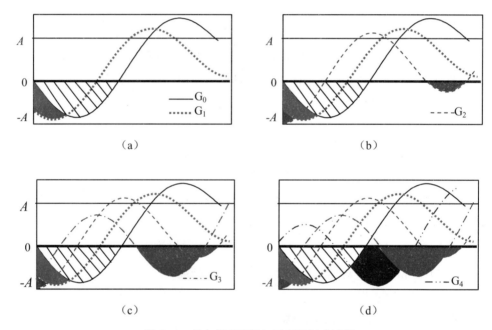

图 6-18   径向超声磨削加工表面创成过程

超声振动具有周期性，在一定条件下砂轮表面同一圆周上的某些磨粒切削刃具有近似相同的切削规律，这里称其为同轨迹切削刃。相邻两个同轨迹磨粒切削刃 G_{i+q} 与 G_i 的圆周间隔 a'' 满足以下条件：

$$\frac{a''}{v_s T} = \frac{qa}{v_s T} = z \quad (z \text{ 近似为整数})$$，并且相邻同轨迹磨粒切削刃间的相位差小于

$\pi/2$，即后续同轨迹切削刃转过圆弧距离 a'' 所用时间为超声振动周期的整数倍。其中，q 为两相邻同轨迹切削刃的序号之差。

这样，砂轮表面同一圆周上的磨粒可以分成如下几组：

（0）G0，Gq，G2q，G3q，…；

（1）G1，Gq+1，G2q+1，G3q +1，…；

…

（q-1）Gq-1，G2q-1，G3q-1，G4q-1，…。

根据对磨粒的分组，可以把砂轮同一圆周上各磨粒切削刃对工件的切削看成是这样的过程：首先，0 组磨粒切削刃对工件进行切削；之后，1 组磨粒切削刃进行切削；接着，2 组、3 组、…、q-1 组磨粒分别对工件进行切削。q-1 组磨粒完成其切削过程时，砂轮正好转过一周，0 组磨粒切削刃又进入切削，新一轮的切削加工开始，依次类推，完成对工件表面的磨削加工。

同组磨粒切削刃具有近似相同的切削轨迹，如图 6-19 所示。

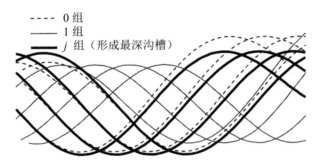

图 6-19　砂轮表面各组磨粒切削刃的切削轨迹

不同加工参数下，形成的加工表面存在以下几种型式：

（1）当 $\dfrac{a}{v_s T} = Z$（Z 为整数）时，加工表面创成过程与普通磨削类似，由后续磨粒切削刃形成，所不同的是磨粒的切削轨迹是以普通磨削的切削轨迹为对称轴的正弦曲线，所形成的加工表面如图 6-20 所示。图中阴影部分是工件表面未被切除的材料。

在实际加工过程中，由于砂轮表面随机分布着大量形状不规则的磨粒，形成上述加工表面的机率很小。

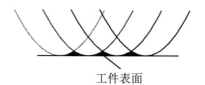

图 6-20 特殊情况下加工表面形成

（2）当 $\dfrac{qa}{v_s T} = Z$ （Z 近似为整数，$q>1$）时，所形成的加工表面如图 6-21

所示。

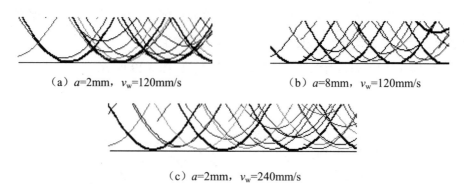

（a）a=2mm，v_w=120mm/s   （b）a=8mm，v_w=120mm/s

（c）a=2mm，v_w=240mm/s

图 6-21 实际加工过程中加工表面形成

6.1.4.2 加工表面粗糙度数学模型的建立

根据上述分析，有些组磨粒切削刃切削轨迹会被后续组的磨粒完全切除而不影响加工表面粗糙度。为计算方便，假定在工件表面留下最深切削沟槽的那组磨粒切削刃的切削轨迹形成了最终加工表面。

最深沟槽计算公式为

$$d_{ji} = \frac{d_s}{2} - \frac{d_s}{2} \cos\left(\omega_s \left(\left(round\left(\frac{iaf}{v_s + v_w} + 0.25 \right) + 0.25 \right) * T - \phi_0 \right) - \frac{2ia}{d_s} \right) - A \quad (6\text{-}14)$$

$$x_{ji} = v_w \left(\left(round\left(\frac{iaf}{v_s + v_w} + 0.25 \right) + 0.25 \right) * T - \phi_0 \right)$$
$$+ \frac{d_s}{2} \sin\left(\omega_s \left(\left(round\left(\frac{iaf}{v_s + v_w} + 0.25 \right) + 0.25 \right) * T - \phi_0 \right) - \frac{2ia}{d_s} \right) \quad (6\text{-}15)$$

其中，$round(x)$函数是将 x 四舍五入取整数。

最深沟槽磨粒切削刃的判断方法：

（1）根据式（6-14）计算各组磨粒切削刃在所取工件表面长度上的最深切削沟槽深度 d_{11}，d_{21}，$\cdots$，$d_{(q-1)1}$（只计算各组磨粒中第一个磨粒的即可），找出最深的一组，根据其切削轨迹（图 6-22）计算加工表面粗糙度。

（2）根据式（6-15）判断 x_{ji} 的值，若 $x_{ji}<0$，则第 j 组磨粒切削刃的切削痕迹不影响所取加工表面粗糙度，因而忽略不计。

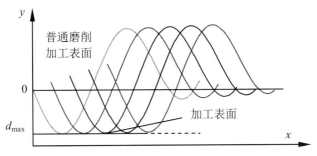

图 6-22   同组磨粒切削轨迹

如此，加工表面粗糙度的计算可采用图 6-23 所示模型。

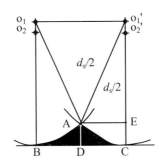

图 6-23   加工表面粗糙度计算模型

图 6-23 中，由于两个同轨迹磨粒切削刃的振动特性相同，因此切到最低点 B 和 C 时，砂轮的中心在同一水平线上；O_1 表示磨粒 X 切至 A 点时砂轮中心的位置，O_2 表示磨粒 X 切至 B 点时砂轮中心的位置；O_1'表示磨粒 Z 切至 A 点时砂轮中心的位置，O_2'表示磨粒 Z 切至 C 点时砂轮中心的位置。在径向超声振动辅助磨

削过程中，沿磨削方向的加工表面粗糙度 R_{nap} 为图 6-23 中的 AD。

$$\text{AD}=\text{O}_1'\text{O}_2'+d_s/2\text{-O}_1'\text{E} \tag{6-16}$$

式中，$\text{O}_1'\text{O}_2'=A-A\sin\omega t_A$；$t_A$ 为砂轮振动至 O_1 位置的时刻，

$$t_A=\left(i_z+\frac{q_z}{2}+\frac{1}{4}\right)T-\frac{qa}{2(v_s+v_w)}$$

$$i_z=round\left(\frac{iaf}{v_s+v_w}+0.25\right),\quad q_z=round\left(\frac{qaf}{v_s+v_w}+0.25\right)$$

因而可得

$$\text{O}_1'\text{O}_2'=A-A\sin\left(q_z+\frac{1}{2}-\frac{qaf}{v_s+v_w}\right)\pi \tag{6-17}$$

在直角三角形 AO_1E 中，

$$\text{AO}_1'=d_s/2,\quad \text{AE}=\frac{\text{BC}}{2}=\frac{(v_w+v_s)}{2},\quad round\left(\frac{qaf}{v_s+v_w}+0.25\right)*T-\frac{qa}{2}$$

从而可得，

$$\text{O}_1'\text{E}=\sqrt{(\text{AO}_1')^2-(AE)^2}$$
$$=\sqrt{\left(\frac{d_s}{2}\right)^2-\left[(v_w+v_s)round\left(\frac{qaf}{v_s+v_w}+0.25\right)*T-qa\right]^2} \tag{6-18}$$

即

$$\text{AD}=A-A\sin\left(q_z+\frac{1}{2}-\frac{qaf}{v_s+v_w}\right)\pi+\frac{d_s}{2}$$
$$-\sqrt{\left(\frac{d_s}{2}\right)^2-\left[(v_w+v_s)round\left(\frac{qaf}{v_s+v_w}+0.25\right)*T-qa\right]^2}$$

考虑加工表面形成的各种情况，取 R_{nap} 为

$$R_{\text{nap}}=\frac{1}{2}\text{AD} \tag{6-19}$$

垂直于磨削方向加工表面粗糙度 R_{nav} 为

$$R_{\text{nav}}=\frac{b_g}{2}\cdot\text{ctg}\delta+\frac{2A}{\pi(v_s+v_w)}$$

因而，径向超声振动辅助磨削加工表面粗糙度 R_{na} 为

$$R_{\text{na}}=R_{\text{nap}}+R_{\text{nav}} \tag{6-20}$$

6.1.4.3　各加工参数对加工表面粗糙度的影响

径向超声振动辅助磨削过程中，各磨削用量及砂轮磨粒尺寸对表面粗糙度的影响与普通磨削基本一致，所不同的是：

（1）振幅 A 越大，径向超声振动磨削表面粗糙度越大。

（2）(v_s+v_w) 越大，径向超声振动磨削表面粗糙度越大。

讨论：磨削过程本身是一个复杂的过程，再加上超声振动的周期变化，使得磨粒进入磨削过程时的振动相位具有随机性，并且连续切削刃间隔 a 是一个统计参数，很难准确测得。因此，上述加工表面粗糙度数学模型仅对定性分析各加工参数对粗糙度的影响具有一定意义。

6.2　加工表面粗糙度的试验研究

6.2.1　试验方案

试验设备和工装系统与前述相同。

采用英国 Taylor Hobson 公司制造的 Taylorsurf-6 型轮廓仪测定加工表面粗糙度，每个试件测量三个数据，取其平均值。

试验分四组进行，分别研究普通磨削与切向、轴向和径向超声振动辅助磨削加工过程中各工艺参数对加工表面粗糙度的影响。每组试验分为两个部分：砂轮粒度和磨削用量对加工表面粗糙度的影响。

为了探讨砂轮磨粒尺寸对加工表面粗糙度的影响，采用单因素试验法，选择 $140^{\#}$、$200^{\#}$、W40 和 W10 四种粒度尺寸的砂轮，以相同的磨削条件对工件表面进行周边磨削。试验方案见表 4-6。

为了减少试验次数，同时又要全面考虑磨削用量对加工表面粗糙度的影响，采用正交试验法。试验采用 3 因素 4 水平正交试验，选用 $L_{16}(4^3)$ 正交表。因素、水平表及试验方案见表 4-7 和表 4-8。试验用 $200^{\#}$CBN 砂轮加工烧结 NdFeB 永磁体材料，在四种加工方式下按照表 4-8 方案分别进行试验。

6.2.2 试验结果

6.2.2.1 砂轮粒度对加工表面粗糙度的影响

砂轮粒度是磨削加工中一个很重要的参数，砂轮粒度的选择直接影响到工件加工表面的粗糙度及磨削效率。粗粒度砂轮磨削加工效率高，但工件表面粗糙度差；细粒度砂轮磨削加工的工件表面粗糙度好，但效率低[143]。因此，研究砂轮粒度对表面粗糙度的影响有重要的意义。

按照表 4-6 试验方案对烧结 NdFeB 永磁体材料进行试验，根据所得数据绘制四种加工方式下砂轮粒度对加工表面粗糙度影响规律曲线，如图 6-24 所示。

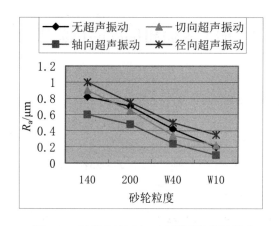

图 6-24 砂轮粒度对加工表面粗糙度的影响

由图 6-24 可以看出，在各种加工方式下，随着砂轮磨粒直径的减小，磨削表面粗糙度均呈降低的趋势；普通磨削时，工件加工表面粗糙度的降低趋势最为显著；施加不同方向的超声振动后，开始加工表面粗糙度的降低趋势较明显，磨粒直径减小到一定程度后，降低趋势减缓；而且超声振动辅助加工的加工表面粗糙度值比普通磨削加工表面的粗糙度值小。这是因为在磨削加工中，砂轮粒度越细，同时参与切削的磨粒数越多，磨削表面将用更多更细小的磨痕形成，磨削表面的粗糙度就越好。尺寸大的磨粒会在工件表面产生较深的划痕，不仅会导致磨削表面粗糙度增大，而且会在磨削表面产生微裂纹损伤层。

另外，磨粒尺寸对砂轮本身的粗糙度也有影响，粒度越细，砂轮表面越光洁，有利于形成较好的加工表面粗糙度。但是，砂轮粒度越细，砂轮越容易发生堵塞现象，影响加工表面质量的进一步提高。在超声振动辅助磨削加工过程中，一是超声振动在一定程度上避免了砂轮堵塞现象的发生，有利于使用细粒度砂轮，所以加工表面粗糙度值较小，而且比较稳定；再就是高频振动的冲击作用使工件表面产生大量多层次微裂纹，径向裂纹还没来得及完全扩展，材料就因横向裂纹的产生而去除，材料加工表面留下的断裂凹坑较浅，使加工表面粗糙度降低。

6.2.2.2 磨削用量对加工表面粗糙度的影响

磨削加工过程中，工件进给速度、砂轮速度及磨削深度等磨削参数都会影响单颗磨粒的切削过程和已加工表面的形成，因此，研究磨削用量对加工表面粗糙度的影响有重要的意义。

（1）工件速度。图 6-25（a）给出工件速度 v_w 对加工表面粗糙度的影响曲线。可以看出，在各种加工方式下，工件速度的增加使磨削表面粗糙度略呈增加趋势，但影响不显著。这是因为普通磨削时，工件速度的增大，使单颗磨粒未变形磨削厚度增大，从而使表面粗糙度增加；在轴向超声振动辅助磨削过程中，粗糙度值的增加除了上述的原因以外，还与工件速度对单颗磨粒切削轨迹的影响有关，第 3 章中分析得出，随着工件速度的提高，单颗磨粒的正弦曲线运动轨迹变得比较稀疏，磨粒间干涉程度减小，不利于加工表面粗糙度的降低。

（2）砂轮速度。图 6-25（b）给出了砂轮速度 v_s 对工件加工表面粗糙度的影响曲线。可以看出，在各种加工方式下，随着砂轮速度的增加粗糙度均呈降低的趋势。砂轮速度的提高使磨粒的切屑厚度变薄，切削力相应减小，表面破碎的深度减小，因而表面粗糙度减小。另一方面，砂轮速度增加，磨削区的温度相应增加，导致材料在较高温度下的延性流动性增强，表面破碎相应减轻，使表面粗糙度数值减小。

（3）磨削深度。图 6-25（c）给出了磨削深度 a_p 对工件加工表面粗糙度的影响曲线。可以看出，在各种加工方式下，磨削表面粗糙度随着磨削深度的增加呈上升趋势。砂轮的磨削深度与磨粒切入材料受到的法向抗力有着直接关系。当磨削深度增大时，每个磨粒切入工件表面的深度增加，磨粒对工件表面刻划增加；同时，由压痕断裂力学知，当磨粒压入工件表面的深度增加时，材料受到的法向力增大（见第 3 章），裂纹长度增大，因此微裂纹的产生及扩展会增大，从而导致加工表面粗糙度增大。从加工系统方面来看，当磨削深度增加时，工件与砂轮之间的抗力增加，容易引起砂轮主轴的振动，使加工表面受到低频振动的影响，产生振动波纹；在超声振动辅助磨削过程中，当磨削深度增大时，砂轮受到的法向力增大，使超声振动作用的影响减小，材料的脆性去除方式增加，因而加工表面缺陷增加。这些因素都会引起加工表面粗糙度的增大。

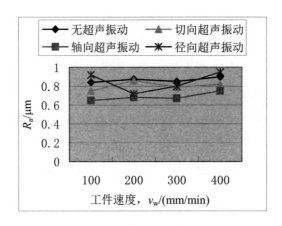

（a）工件速度 v_w 对 R_a 的影响曲线

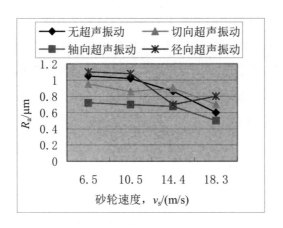

（b）砂轮速度 v_s 对 R_a 的影响曲线

图 6-25　磨削用量对加工表面粗糙度的影响

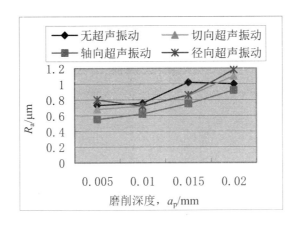

（c）磨削深度 a_p 对 R_a 的影响曲线

图 6-25　磨削用量对加工表面粗糙度的影响（续图）

6.2.2.3　不同超声振动辅加方式对表面粗糙度的影响

由图 6-24 和图 6-25 可知：与普通磨削相比较，切向超声振动使磨削表面粗糙度略有降低，但幅度不是很大；轴向超声振动使磨削表面粗糙度降低 20%～30%；径向超声振动使磨削表面粗糙度有增加的趋势，但在合理选择磨削用量的前提下也可以使表面粗糙度降低。这是因为超声振动的引入使磨削力降低，因而被加工表面局部产生破碎，而且脆崩破碎仅出现在材料延性流动所隆起的部分，不像普通磨削的脆崩破碎，不仅产生在材料所隆起的部分并且大部分产生在犁沟的底部；此外，超声振动辅助磨削呈片状的切屑较薄，破碎的凹坑较浅，因此同样的加工条件下，超声振动辅助磨削的加工表面粗糙度比普通磨削的小。

相同加工条件下，切向超声振动使加工表面破碎面积减少，磨粒切削沟槽两侧的脆崩破碎区出现大量穿晶断裂，并且断裂破碎与塑性摩擦切痕相互作用，表面质量较好，如图 6-26（b）所示。轴向超声振动使磨粒的切削痕迹相互交织、截断，形成网状结构，并且因表面微细沟槽自成机理，磨粒处于断续切削状态，受脉冲力作用，形成的切削沟槽宽而浅，如图 6-26（c）所示，因而，轴向超声振动辅助磨削可以得到更加良好的加工表面。径向超声振动使工件表面微裂纹系统更加发达，并且磨粒切削深度增加，切削沟槽深，破碎区面积增大，如图 6-26（d）所示，并且可能残留裂纹，因而表面粗糙度略有增加。

 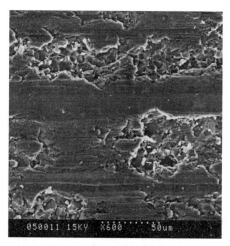

（a）普通磨削　　　　　　　　　　　（b）切向超声振动辅助磨削

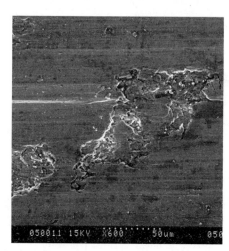 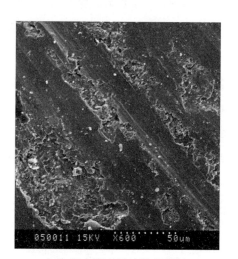

（c）轴向超声振动辅助磨削　　　　　　（d）径向超声振动辅助磨削

图 6-26　四种加工方式下磨削表面微观形貌

6.3　讨论

　　本书所提出的加工表面粗糙度数学模型公式，虽然在定量计算上有一定的误差，但能够定性分析加工表面粗糙度的变化趋势，因而对磨削表面粗糙度的预测与估计有实际指导意义。

从试验结果来看，工件加工表面粗糙度值偏大，主要是因为烧结 NdFeB 永磁材料的断裂韧性低，试验设备主轴的刚度不够高，工件装夹系统的刚性有限等因素造成的。

砂轮粒度对加工表面粗糙度影响最为显著，原因是磨粒的尺寸效应对磨料破碎程度和砂轮表面形貌产生较大的影响。在磨削过程中，一些磨粒切削了工件表面，是有效磨粒；但也有一些磨粒在整个磨削过程中始终没有切削工件表面，是无效磨粒。磨粒直径的大小直接影响实际参加切削的磨粒数量。随着磨粒尺寸的减小，砂轮表面上的磨粒数越多，磨粒间距减小，单位面积上的有效磨粒切削刃数量增加，加工表面残余高度就会大幅下降，即形成表面粗糙度 R_a 小的表面。因此，要获得好的加工表面必须首先选择细粒度砂轮。

6.4 加工亚表面分析

将加工试样垂直磨削表面切割，试样断面进行粗磨、细磨，再进行抛光，之后用 4%的硝酸酒精溶液擦拭腐蚀 10～20s，清洗烘干，然后用扫描电镜进行观察分析。

图 6-27 为工件断面 SEM 照片。可以看出，普通磨削加工表面的断面形貌参差不齐，并且可以看到完整晶粒剥落后留下的凹坑；切向超声振动辅助磨削加工表面的断面形貌相对比较平滑，最深切削沟槽比普通磨削浅，在个别磨削沟槽底部存在微裂纹；轴向超声振动辅助磨削加工表面的断面形貌最为平滑，基本没有裂纹存在；径向超声振动辅助磨削加工表面的断面形貌比普通磨削略显粗糙，最深切削沟槽比普通磨削深，微裂纹数量较多；因此，切向和轴向超声振动有利于获得良好的加工表面质量。

在烧结 NdFeB 永磁体材料磨削过程中，产生的裂纹主要是脆性去除时产生的。材料脆性去除时，形成横向和径向两个裂纹系统。横向裂纹的扩展主要引起材料的脆性去除，但在横向裂纹扩展过程中，如遇到其他裂纹或遇到大的晶界，则有可能改变扩展方向，向材料内部扩展，深入到亚表面，最终残留在材料中，形成残留横向裂纹。径向裂纹发生于材料亚表面，并且裂纹较长。无论是残留横向裂纹还是径向裂纹都将影响材料的强度，尤其是较长的径向裂纹对材料强度有明显的削弱作用。

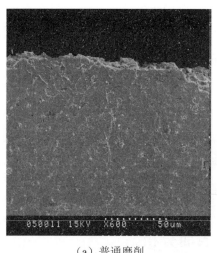
（a）普通磨削

（b）切向超声振动辅助磨削

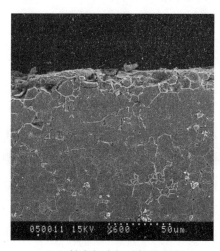
（c）轴向超声振动辅助磨削

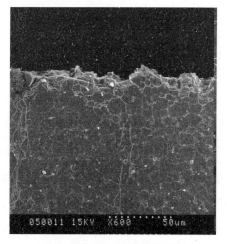
（d）径向超声振动辅助磨削

图 6-27　四种加工方式下工件断面形貌

6.5　加工表面显微硬度变化

四种加工方式下的磨削表面硬度的测量是在 MH-6 型显微硬度计上进行的，

施加载荷为 300kgf，保载时间为 5s，分别测量 10 次，取平均值。

图 6-28 给出了四种加工方式下磨削表面硬度对比情况。

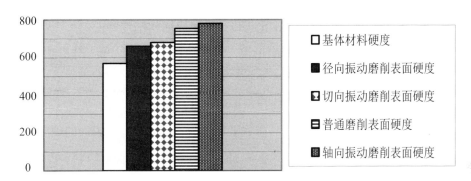

图 6-28　不同加工方式下加工表面显微硬度

由图 6-28 可以看出，无论采取何种加工方式，加工表面的硬度均大于基体材料的硬度，这是通常所说的加工硬化效果。工件沿切向和径向超声振动时，工件加工表面硬度比普通磨削低，而工件沿轴向超声振动时，工件加工表面硬度高于普通磨削，这与上述加工亚表面分析结果基本一致。切向和径向超声振动辅助磨削的亚表面裂纹系统相对更加发达，导致加工表面硬度有所降低，轴向超声振动辅助磨削的亚表面基本没有裂纹存在，因而加工表面硬度略有增加。切向和径向超声振动时，分离磨削过程的存在有利于磨削热量的散发，磨削温度大幅度降低；轴向超声振动尽管也利于磨削热量的散发，但不如切向和径向超声振动的效果明显，磨削温度稍高。因而，磨削表面硬度的变化是磨削表面/亚表面裂纹系统与磨削温度共同作用的结果。

6.6　小结

对普通磨削与切向、轴向和径向三种超声振动辅助磨削方式下的加工表面粗糙度、不同超声振动辅加方式对加工亚表面及加工表面硬度的影响进行了研究。得到的主要结论如下：

（1）根据各种加工方式下的加工表面创成机理，建立了加工表面粗糙度计算模型，并进行了试验研究。研究结果表明：砂轮粒度对加工表面影响最为显著；切向超声振动使加工表面粗糙度略有降低，但幅度不是很大；轴向超声振动使加工表面粗糙度降低 20%～30%；径向超声振动使加工表面粗糙度有增加的趋势，但在合理选择磨削用量的前提下，也可以使加工表面粗糙度降低。

（2）通过观察磨削表面的断面形貌，对加工亚表面进行分析。分析结果表明：切向和径向超声振动辅助磨削亚表面裂纹系统比较发达，轴向超声振动辅助磨削亚表面基本没有裂纹；切向和轴向超声振动更有利于获得良好的加工表面质量。

（3）通过测定加工表面硬度，研究了各种加工方式下磨削表面的硬度变化情况。研究结果表明：四种加工方式下，加工表面硬度均大于基体材料硬度；切向和径向超声振动辅助磨削加工表面硬度比普通磨削低，轴向超声振动辅助磨削表面硬度高于普通磨削；加工表面硬度的变化是磨削表面/亚表面裂纹系统与磨削温度共同作用的结果。

结论

　　磨削是加工硬脆性材料的主要方法之一，也是获得高质量加工表面的重要加工技术。然而，砂轮和磨削加工过程固有的特点导致了在加工过程中易产生砂轮堵塞、加工表面烧伤以及加工效率较低等一系列问题。为了解决上述问题，本书提出超声振动辅助磨削加工方法，主要研究工件沿砂轮切向、轴向及径向进行超声振动的加工技术；对超声振动辅助磨削加工的运动学特性、磨削力特性、材料去除机理以及加工表面质量进行了系统的理论与试验研究，主要研究成果如下：

　　（1）对三种超声振动辅助磨削的运动学特性进行了系统分析。分析结果表明，单颗磨粒运动的路径长度均大于普通磨削；切向超声振动时，砂轮对工件具有往复熨压作用，单颗磨粒与工件分离的临界速度不仅与振幅 A 和频率 f 有关，也与砂轮线速度 v_s 和连续切削刃间隔 a 有关，磨削力试验结果证明了理论分析的正确性；轴向超声振动时，单颗磨粒平均切屑断面面积比普通磨削的小，加工内圆时，磨粒一侧面与切削沟槽分离的临界速度为：$v_a < A\omega$；径向超声振动时，如果合理选择磨削用量，单颗磨粒与工件也会存在分离状态。

　　（2）引入单位磨削力，建立了各种加工方式下随时间变化的切削变形力数学模型，结合磨削力试验结果，得出如下结论：在相同的加工条件下，三种超声振动辅助磨削的单位磨削力均低于普通磨削，这是工件超声振动的材料软化效应和冲击作用的结果；摩擦力的研究结果表明，工件沿切向、轴向或径向进行超声振动使摩擦系数降低，切向超声振动使摩擦系数降低得最为明显，径向超声振动次之，轴向超声振动最弱。

　　（3）磨削力随着砂轮磨粒直径、磨削深度和工件速度的增加基本呈上升的趋势，随着砂轮速度的增加呈降低的趋势，但砂轮速度的增加减弱了超声振动对磨削力的影响；轴向超声振动使切向磨削力大幅度上升，切向超声振动次之，径向超声振动使之下降；径向超声振动使法向磨削力大幅度下降，切向超声振动次之，轴向超声振动的影响最弱;超声振动对磨削力的影响是工件材料软化效应、超声振动冲击作用和超声振动润滑效应共同作用的结果;三种超声振动辅加方式均使磨削力比有较大幅度的降低,轴向超声振动使之降低得最为明显,切向超声振动略次之,径向超声振动的影响最弱。

(4)试验研究了砂轮粒度、磨削深度、不同超声振动辅加方式对加工表面微观形貌的影响。砂轮磨粒尺寸对工件材料的去除方式有较大影响,较小的磨粒尺寸可以使材料的脆性断裂比例减小,塑性变形比例加大;磨削深度小时,材料的脆性断裂比例减小;切向和轴向超声振动有利于获得好的加工表面质量;根据压痕断裂力学理论,给出了材料脆-塑转变的临界条件;砂轮粒度微细化、磨削深度微量化是实现材料脆-塑性转变的重要条件;不同的超声振动辅加方式对工件材料的去除方式有很大影响,切向和轴向超声振动有助于工件材料的去除方式从脆性断裂向塑性剪切转变,而径向超声振动使工件材料更倾向于以脆性断裂方式去除。

(5)基于加工表面创成机理,建立了各种加工方式下的加工表面粗糙度计算模型,并进行了试验研究。研究结果表明,砂轮粒度对加工表面粗糙度的影响最为显著;轴向超声振动使磨削表面粗糙度降低得最为明显,切向超声振动次之,径向超声振动使其有增加的趋势。

(6)加工亚表面微观形貌分析结果表明,切向和轴向超声振动更有利于获得良好的加工表面质量。

(7)切向和径向超声振动辅助磨削加工的工件表面硬度比普通磨削低,轴向超声振动辅助磨削加工的工件表面硬度高于普通磨削。

本书有以下四个创新点:

(1)建立了超声振动辅助磨削模型,系统分析了超声振动辅助磨削的运动学特性,并给出了各相关参数的计算公式;首次给出了三种超声振动辅助加工方式下单颗磨粒与工件分离的临界条件,丰富了超声振动切削理论。

(2)从切削变形力和摩擦力两方面对超声振动辅助磨削力进行研究;建立了随时间变化的切削变形力数学模型,结合摩擦力数学模型,对三种超声振动辅助加工模式下的磨削力进行了系统的研究。超声振动冲击作用、工件材料软化效应和超声振动润滑效应是磨削力降低的主要原因。

（3）深入研究了三种超声振动辅助加工方式下的工件材料去除机理；结合脆性材料脆-塑性转变的临界条件，证明超声振动有利于实现材料的塑性去除，这是工件材料软化效应和超声振动使加工过程稳定、法向磨削力降低的结果。

（4）系统分析了各种加工方式下的加工表面创成机理，建立了加工表面粗糙度数学模型，并给出了加工表面粗糙度计算公式；对加工表面的断面形貌和表面硬度进行观测，发现超声振动辅助磨削是获得良好表面质量的关键原因。

超声振动辅助磨削加工技术具有很多优点，研究发展前景广阔。但出于受时间和试验条件的限制，本技术还需要在以下几个方面进行进一步的研究工作：

（1）研制专用的磨削试验装置，开发具有频率跟踪功能的超声波发生器，完善变幅杆及工件装夹系统的设计，并加强主轴系统刚度。

（2）对超声振动辅助磨削加工过程进行有限元分析，根据加工过程的应力场对工件材料去除方式进行研究，探索脆性材料延性域加工及合理的加工工艺参数。

（3）完善加工表面粗糙度数学模型，研究不同超声振动辅加方式对加工表面残余应力等的影响。

附录 有代表性的英文文章

Study on Ultrasonic Vibration Assisted Grinding in Theory

Zhang hongli[1,2,a] , Zhang jianhua[2,b]

[1] Engineering Machinery Department, Shandong Jiaotong University, Ji'nan Shandong 250023, China;

[2]Mechanical Engineering School, Shandong University, Ji'nan Shandong 250061, China;

[a]zhanghl@mail.sdu.edu.cn, [b]jhzhang@sdu.edu.cn

Keywords: Ultrasonic Vibration Assisted Grinding,Cutting Model, Grinding Force

Abstract: In ultrasonic vibration assisted grinding (UAG), the machining process of an abrasive grit is introduced in this paper. During the internal UAG along the axial direction, the critical speed is determined by the amplitude and frequency of ultrasonic vibration. During the surface UAG along the axial direction, the cutting model of an abrasive grit is established and the cutting trace length of an abrasive grit and the grinding force making chips deformation is analyzed in theory. The analysis results show that the cutting trace length is longer by introducing ultrasonic vibration along the axial direction. And the results also suggest that the grinding force is decreased, the higher vibration amplitude and frequency is helpful to the decrease of the grinding force and the higher grinding wheel speed weakens the contributiveness of ultrasonic vibration to the decrease of the grinding force.

Introduction

Many materials with high performances, such as high hardness, wearability and brittleness have been widely applied in the fields of national defence equipments, military affairs and aeronautics and space industry. It is very difficult to machine these materials by traditional machining methods and sometimes infeasible. Grinding is an important machining technology [1, 2], but it is helpless in machining these materials. At present, the ultrasonic combined technology is one of the most effective machining methods. The combined technology of ultrasonic machining and grinding, which is applied in the brittle-hard materials machining fields of high-efficient machining, high polish, nanotechnology, is the research hot-spot. Many experiments were conducted by superposing ultrasonic vibration on the grinding wheel or the workpiece along the normal, tangential, and axial direction respectively, and the conclusions were drawn: the ultrasonic vibration serves to increase the impact effect and accelerate the material removal from the workpiece surface; the decisive advantage of this machining technology is delivered by a reduction in the processing forces; It can effectively improve the grinded surface quality and reduce surface damages[3-5]. However, the study of UAG mainly concentrates on experimental research and analysis, the machining process and characteristics still do not be systemically studied in theory.

Critical velocity of ultrasonic vibration assisted grinding

The grinding diagram for internal UAG is shown in Fig.1. The workpiece is fed right-forward at the rate of v_a and rotated clockwise at a peripheral speed of v_w. The grinding wheel is rotated at a peripheral speed of v_s and ultrasonically vibrated along its axial direction at frequency of f and amplitude of A. During the machining process, the tool and the workpiece will not separate, that is, UAG along the axial direction belongs to eternal-contact grinding. However, it is not identical with the traditional grinding. Because of the axial vibration of the grinding wheel, the cutting speed of an abrasive grit is not constant. Fig.2(a) and (b) shows the composite speed variation of an abrasive grit during the period of the grinding wheel being vibrated left-forward and right-forward respectively. So we can know that the value and direction of an abrasive grit speed is variation. Then, when the feed speed of the workpiece, v_a, is less than the vibration speed of the abrasive grit, v_f, only the rake face and one side of the abrasive grit is in the state of contact with the grinding groove. The ultrasonic vibration equation is $y=Asin(2\pi ft)$, and the ultrasonic vibration speed equation is $v_f=2A\pi fcos(2\pi ft)$. We define the critical speed of UAG along the axial direction, vc, as $v_c=(1/3)2A\pi f$. In the condition of critical speed, the different sides of an abrasive grit would contact the workpiece alternately. It is good for the heat-away.

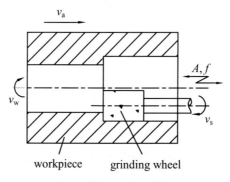

Fig.1   Motion Diagram for Internal UAG

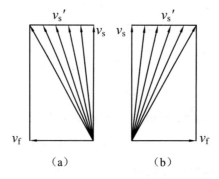

Fig. 2   Composite Speed Variation of An Abrasive Grit

Cutting model of single abrasive grit

The grinding model for surface UAG along the axial direction is schematized in Fig.3. Let the x- and y-axes be along the contact arc and grinding width[4], respectively(see Fig.3(b)). Then the motion equation of the single abrasive grit can be expressed as: $x=(v_s+v_w)t$, $y=A\sin(2\pi ft)$. Hence, an equation expressing the cutting trace of the single abrasive grit can be obtained

$$y = A\sin(2\pi fx/(v_s + v_w)) \tag{1}$$

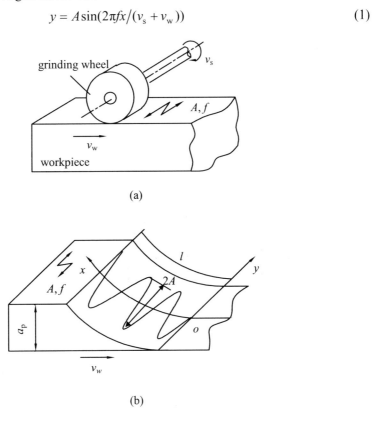

(a)

(b)

Fig.3   Grinding Model for Surface UAG

Accoding to above expression, the cutting trace of the single abrasive grit can be generated as Fig.3(b). It is a sine curve along the cutting trace formed without ultrasonic vibration. In Fig.3(b), l is the contact arc length in traditional grinding. Thus, according to Eq.(1), the length, lg of the cutting trace generated within the contact arc can be caculated according the expression as follows

$$l_g = \int_0^l \sqrt{1+\left(\frac{dy}{dx}\right)^2}\, dx = \int_0^l \sqrt{1+\left(\frac{2\pi Af}{v_s+v_w}\cos\left(\frac{2\pi f}{v_s+v_w}x\right)\right)^2}\, dx \qquad (2)$$

During the process of internal UAG, the cutting trace generated by the abrasive grit is a sine curve along a spiral. Whether in surface UAG or in internal UAG, the cutting trace l_g is longer than that formed without vibration.

The cutting model of the single abrasive grit is shown in Fig.4. Compare the cutting groove with vibration with that without vibration, the cutting depth is uniform, however, the cutting groove width is an amplitude of A wider than that without vibration. Therefore, the material removal rate is increased as the ultrasonic vibration along the axial direction.

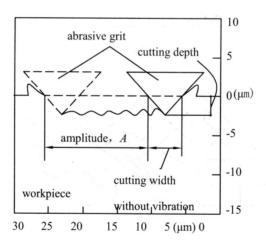

Fig.4　Cutting Model of Single Abrasive Grit

Grinding force of a single abrasive grit

Assumed that b is the grinding width of the grinding wheel without vibration. The cutting depth, a_p, the workpiece speed, v_w, and the grinding wheel peripheral speed, v_s is independent of the presence or absence of the grinding wheel vibration. The volume,

V, of the material removed per unit time is $V=a_{\mathrm{p}}bv_{\mathrm{w}}$ [2]. If the distribution density of the abrasive grit on the grinding wheel surface is Nds, then the number of the acting abrasive grit passing the grinding zone per unit time would be $N=N_{\mathrm{ds}}b(v_{\mathrm{s}}+v_{\mathrm{w}})$. Thus, the volume, V_{g}, of material removed by a single abrasive grit can be expressed as follows

$$V_{\mathrm{g}} = V/N = a_{\mathrm{p}}v_{\mathrm{w}}/(N_{\mathrm{ds}}(v_{\mathrm{s}}+v_{\mathrm{w}})).\tag{3}$$

Consequently, the cross sectional area, Am, of an abrasive grit can be given by the expression in terms of Eq.(2) and Eq.(3)

$$A_{\mathrm{m}} = \frac{V_{\mathrm{g}}}{l_{\mathrm{g}}} = \frac{a_{\mathrm{p}}v_{\mathrm{w}}}{N_{\mathrm{ds}}(v_{\mathrm{s}}+v_{\mathrm{w}})}\bigg/\int_0^l\sqrt{1+\left(\frac{2\pi Af}{v_{\mathrm{s}}+v_{\mathrm{w}}}\cos\left(\frac{2\pi f}{v_{\mathrm{s}}+v_{\mathrm{w}}}x\right)\right)^2}\,\mathrm{d}x\tag{4}$$

The cross sectional area, Am', of single abrasive grit in traditional grinding is usually

$$A'_{\mathrm{m}} = \frac{a_{\mathrm{p}}v_{\mathrm{w}}}{N_{\mathrm{ds}}(v_{\mathrm{s}}+v_{\mathrm{w}})}\bigg/l\tag{5}$$

According to the theory of average cross sectional area of chips, the grinding force making chips deformation, F_{g}, acting on the single abrasive grit is proportional to the average cross sectional area, namely, $F_{\mathrm{g}}=kA_{\mathrm{m}}$, where k is a proportional coefficient. The total number of simultaneously acting abrasive grits in the grinding zone is $N_{\mathrm{d}}=N_{\mathrm{ds}}bl$, the total grinding force making chips deformation, F_z, can be expressed as

$$F_z = F_{\mathrm{g}} \cdot N_{\mathrm{d}} = kA_{\mathrm{m}} \cdot N_{\mathrm{d}} = \frac{kba_{\mathrm{p}}v_{\mathrm{w}}}{v_{\mathrm{s}}+v_{\mathrm{w}}} \cdot l\bigg/\int_0^l\sqrt{1+\left(\frac{2\pi Af}{v_{\mathrm{s}}+v_{\mathrm{w}}}\cos\left(\frac{2\pi f}{v_{\mathrm{s}}+v_{\mathrm{w}}}x\right)\right)^2}\,\mathrm{d}x\tag{6}$$

The total grinding force in the traditional grinding, $F'z$, is expressed as follows

$$F'_z = kA'_{\mathrm{m}} \cdot N_{\mathrm{d}} = kba_{\mathrm{p}}v_{\mathrm{w}}/(v_{\mathrm{s}}+v_{\mathrm{w}})\tag{7}$$

Comparing Eq.(6) and (7) reveals that the total grinding force decreases as a result of ultrasonic vibration. The decrease rate in grinding force, ζ, is derived by

$$\xi = \left(1-\frac{F_z}{F'_2}\right)\times100\% = \left(1-1\bigg/\int_0^l\sqrt{1+\left(\frac{2\pi Af}{v_{\mathrm{s}}+v_{\mathrm{w}}}\cos\left(\frac{2\pi f}{v_{\mathrm{s}}+v_{\mathrm{w}}}x\right)\right)^2}\,\mathrm{d}x\right)\times100\%\tag{8}$$

Fig.5 (a) and (b) shows the variation of the grinding force decrease with the vibration amplitude of A when the grinding wheel speed and the vibration frequency are given different values, respectively. The variation range of the workpiece feed speed is limited, so the influence of v_w on the grinding force decrease is neglected. It is clear that ζ increases with the vibration amplitude, A, but decreases with the grinding wheel speed, v_s. In addition, ζ also increases with the vibration frequency, f.

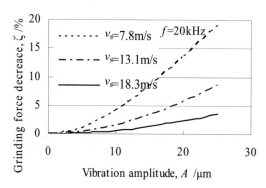

(a) Variation of Grinding Force Decrease with A in Different v_s

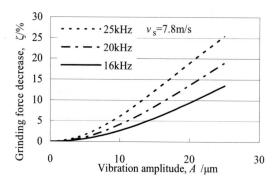

(b) Variation of Grinding Force Decrease with A in Different f

Fig.5　Variation of Grinding Force in UAG

Conclusion

During the UAG along the axial direction, the machining process of single abrasive grit is analyzed in theory and the conclusions are drawn:

(1) During the internal grinding with ultrasonic vibration along the axial direction,

if the feed speed direction is along the grinding wheel axis, the critical speed is $v_c=(1/3)2A\pi f$.

(2) The cutting trace length of an abrasive grit is longer than that generated in traditional grinding; the groove width is an amplitude of A wider than that without vibration.

(3) The grinding force making the chips deformation is decreased; the higher vibration amplitude and frequency is helpful to the decrease of the grinding force; the higher grinding wheel speed weakens the contributiveness of ultrasonic vibration to the decrease of the grinding force.

Acknowledgement

The work is supported by the China Natural Science Foundation (no.50575127).

References

[1] S. Malkin (author). G.Q. Cai, Y.D. Gong, etc. (Translator): Grinding Technology Theory and Applications of Machining with Abrasives (Dongbei University Publication, China 2002).

[2] UsuiEiji(author). X.Z. Gao and D.Z. Liu (Translator): Cutting and Grinding (Mechanical Industry Publications, China 1982).

[3] G.Spur, S.E. Holl. Ultrasonic Assisted Grinding of Ceramics[J]. Journal of Materials Processing Technology, 1996(62): 287-293.

[4] Y.B. Wu, M. Nomura, Z.J. Feng, et al. Modeling of Grinding Force in Constant-depth-of-cut Ultrasonically Assisted Grinding[J]. Materials Science Forum, 2004(471-472):101-106.

[5] Günter Spur, Sven-Erik Holl. Material Removal Mechanisms during Ultrasonic Assisted Grinding[J]. Production Engineering, 1997(Ⅳ/2):9-14.

Kinematics Analysis of Ultrasonic Vibration Assisted Grinding

Zhang Hongli[1, 2, a], Zhang Jianhua[1, b]

[1] Mechanical Engineering School, Shandong University, Ji'nan Shandong 250061, China;

[2] Engineering Machinery Department, Shandong Jiaotong University, Ji'nan Shandong 250023, China

[a]zhanghl@mail.sdu.edu.cn, [b]jhzhang@sdu.edu.cn

Keywords: UAG; Kinematics Analysis; Critical Velocity; Movement Path

Abstract: Ultrasonic vibration assisted grinding (UAG) is an advanced machining technology and many experts have studied it by conducting large numbers of experiments. However, previous studies haven't further researched the kinematic characteristics of UAG in theory. With the aid of the grinding model for UAG, the equation relating the critical velocity is established, the condition of the grinding wheel taking-off the workpiece is analyzed and the forming process of grinding chips is described. By introducing the velocity coefficient K, the change of the grinding wheel in displacement is studied, and its influences on the grinding process are discussed. It is proved that the separability, reciprocating ironing are the major characters of UAG along the tangential direction.

Introduction

With the development of science technology and national defence, many other applied fields, such as navigation and electron technology, need mechanical parts with high quality and performance, and at the same time new materials with high hardness, intensity and wearability are constantly developed, so traditional machining methods are faced with new challenges. UAG emerges as the times require. At present, UAG has become an important machining technology, and many experts have conducted large numbers of experimental researches and have drawn the conclusion that the phenomena, such as the grinding wheel jam and machined-surface burn occurred during traditional grinding, can be avoided by making the grinding wheel or workpiece vibrate at ultrasonic frequency[1-3]. However, previous studies haven't further researched the kinematic characteristics of UAG in theory. Therefore, it is very important to analyze the kinematic characteristics of UAG, and it is helpful to the further studies on the machining mechanism, geometrical parameters and the forming mechanism of grinding chips.

Critical Velocity Analysis of UAG

Description of the object studied: The initial vibration direction of the grinding wheel is adverse to the movement direction of the workpiece; suppose that the initial vibration direction of grinding wheel is positive. Fig. 1 schematizes a workpiece being fed right-forward at a feed rate of v_w and ground using a grinding wheel of diameter of d_s; the grinding is rotated clockwise at a peripheral speed of v_s and ultrasonically vibrated along the tangential direction at a frequency of f and an amplitude of A.

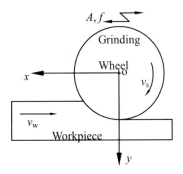

Fig.1　Grinding model for UAG

The grinding wheel is vibrated at the sinusoidal vibration, whose vibration displacement and speed as follows

$$x = A\sin \omega t. \tag{1}$$

$$v_f = \frac{dy}{dt} = A\omega \cos \omega t \tag{2}$$

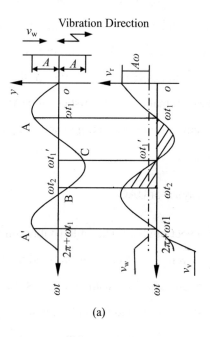

(a)

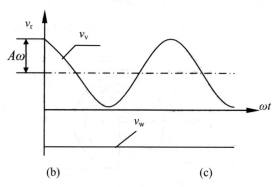

(b)   (c)

Fig. 2   Movement principle of UAG

The relative speed vector of the grinding wheel (without regard to the peripheral velocity, v_s) can be expressed in terms of the vibration speed, v_f, (Eq.2) and the movement speed vector of the workpiece, $\vec{v}_w$, as follows

$$\vec{v}_r = v_f - \vec{v}_w = A\omega \cos \omega t - \vec{v}_w \tag{3}$$

Separate Condition between the Grinding Wheel and the Workpiece. See

Fig.2(a), the grinding wheel begins to leave the workpiece at ωt_1 and the space between them gradually increases, after a period of time stops increase again and the grinding wheel begins to approach the workpiece gradually at $\omega t_1'$; the grinding wheel comes into contact with the grinding zone again at ωt_2; that is, the shadow part in Fig.2(b) is the separated process of the tool and chips. So only when v_f and v_w have the same direction and $v_w < A\omega$, the UAG owns the characteristic of separability. If $v_w \geqslant A\omega$, the apart stage would not exist during machining process (see Fig.2(c)). Then UAG is only similar with the traditional grinding, however, not identical. It is not discussed in this paper.

Forming Process of Grinding Chips. In Fig.2(a), the grinding wheel leaves the workpiece at the location of A, contacts it at B, and leaves it again at A', that is, during BAC a grinding chip is formed. As the vibration displacement and speed of the grinding wheel is a periodical function, in the phase range of $[0, \omega t_1]$ and $[2\pi, 2\pi + \omega t_1]$, the grinding process is identical, that is, a new separateness-contact-separateness period begins at $2\pi + \omega t_1$ and new grinding chips is obtained. By repeating above process periodically, grinding chips are constantly formed and thereby the workpiece is machined.

Critical velocity, v_c. In theory, the critical velocity of UAG with the separated characteristic is $v_1 = A\omega$. However, according to the conclusion of ultrasonic vibration assisted cutting, when the critical velocity $v_c = (1/3)v_1$, the good vibration cutting effect and efficiency can be achieved simultaneously[4], thereby the critical velocity of UAG, v_c, is expressed as follows

$$v_c = \frac{1}{3}A\omega . \tag{4}$$

Thus it can be seen that the critical velocity of UAG is independent of the workpiece material, grinding depth and abrasive grits' shape.

Movement path Analysis of the Grinding Wheel

In order to calculate simply, the velocity coefficient, K, is defined as follows

$$K = \frac{v_{\mathrm{w}}}{A\omega} \tag{5}$$

The movement path of the grinding wheel during a vibration grinding period, such as horizontal movement distance along the workpiece, x_{m}, maximal departing distance from the workpiece, x_0, have the same meanings and calculation methods with those of the ultrasonic vibration assisted cutting [5].

Fig.3 shows the variation in x_{m} and x_0, as a function of the velocity coefficient, K. Clearly, when $K=0.217$, $x_{\mathrm{m}}=x_0$; $K>0.217$, $x_{\mathrm{m}}>x_0$; $K<0.217$, $x_{\mathrm{m}}<x_0$. Therefore, the movement path of the grinding wheel during UAG is obtained (see Fig.4); thick solid lines indicate the grinding path of the grinding wheel when it is in touch with the grinding zone, and the dashed lines indicate the reciprocating ironing path.

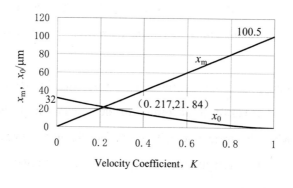

$(A=16\mu m, f=20kHz)$

Fig.3　Influence of velocity coefficient, K, on x_{m}, x_0

Clearly, the motion of the grinding wheel is periodical, and after the machined surface is finished, the grinding wheel would iron it by the movement of backing off and going forward again. The ironed times of the finish surface is relate to the value of K. When $K<0.217$, the finish surface will be ironed more than one times; $K=0.217$, only one times; $K>0.217$, the part, x_m-x_0, will not be ironed. The reciprocating ironing contributes to improve the quality of the machined surface. And the grinding wheel is rotated at the uniform velocity, v_s, while go backwards and advance again, this will play an important role in polishing and cleaning the finish surface.

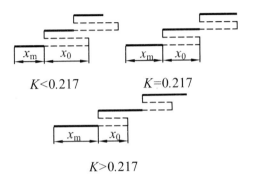

$$K<0.217 \qquad K=0.217$$

$$K>0.217$$

Fig.4   Movement path of the grinding wheel

Conclusion

On basis of the kinematic characteristics, the critical velocity of UAG and the movement path of the grinding wheel are discussed. The movement principle diagram of UAG is established, the conclusions can be obtained by analysis and calculation:

(1) UAG along the tangential direction is a separate grinding process, macroscopically continuousness and microscopically separateness. Separateness is the primary characteristic.

(2) The ground surface is ironed reciprocatingly due to the ultrasonic vibration of the grinding wheel. The ironed times is determined by the velocity coefficient, K.

Acknowledgement

The work is supported by the China Natural Science Foundation (no.50575127).

References

[1]   D.T. Liu, S.Y. Yu, X.R. Chen. Ultrasonic grinding small hole in engineering

ceramics[J]. Electro machining & Mould, 2000(5):22-25.

[2]   Günter Spur, Sven-Erik Holl. Material Removal Mechanisms during Ultrasonics Assisted Grinding[J]. Production Engineering, 1997,4(2):9-14.

[3]   Yiding Wang, Kee s. Moon, Michelle H. Miller. A new Method for Improving the Surface Grinding Process[J]. International Journal of Manufacturing Science and Production, 1998,1(3):159-168.

[4]   Kumabe Junichiro, Precision Machining-Vibration Cutting (Basis and Application), Y.K. Han, W.F.Xue, X.G. Sun, D.H. Zhang, Trans. China, Beijing, 1985.

[5]   L.J. Wang, J. Zhao, Q.C. Tan, Kinematics of Ultrasonic Vibration-Cutting and a Study of Resulting Surface Quality[J]. Journal of China Ordnance, 1987,(3):24-31.

参考文献

[1]   曹凤国．超声加工技术[M]．北京：化学工业出版社，2005.

[2]   曹凤国，张勤俭．超声加工技术的研究现状及其发展趋势[J]．电加工与模具，2005，(4)：25-31.

[3]   吕正兵，徐家文．工程陶瓷超声加工的基础试验研究[J]．电加工与模具，2004，(2)：57-60.

[4]   邓建新，李久立．Al_2O_3基陶瓷刀具材料的超声波加工技术研究[J]．陶瓷学报，1997，18(4)：205-209.

[5]   张辽远．现代加工技术[M]．北京：机械工业出版社，2002.

[6]   汪瑞峰，李雪飞，王龙．超声波在机械研磨加工中的应用与研究[J]．机械工程师，2006，(8)：91-93.

[7]   R.Singh and J.S.Khamba. Investigation for ultrasonic machining of titanium and its alloys. Journal of Materials Processing Technology[J]，2007，183（2-3）：363-367.

[8]   M.Komaraiah，M.A.Manan，P.Narasimha Reddy，etal. Investigation of surface roughness and accuracy in ultrasonic machining. Precision Engineering[J]，1988，10(2)：59-65.

[9]   Z.J.Pei，P.M.Ferreira，S.G.Kapoor, et al. Rotary ultrasonic machining for face milling of ceramics. International Journal of Machine Tools and Manufacture，1995，35(7)：1033-1046.

[10]   李伯民，赵波．现代磨削技术[M]．北京：机械工业出版社，2003.

[11]   潘立，谢伟东．陶瓷材料磨削加工的技术研究与发展现状[J]．机械，2003，30(6)：4-7，16.

[12]   Inasaki. Grinding of Hard and Brittle Materials. Annals of the CIRP[J]，1987，124(4)：463-471.

[13] 海野邦昭. フアィソャラミツクスの被研削性. 机械と工具，1989，33(11)：110-115.

[14] S.Malkin, T.W.Hwang. Grinding Mechanisms for Ceramics. Annals of the CIRP[J], 1987，36(2)：40-43.

[15] 蔡光起，原所先. Al_2O_3-Mo 金属陶瓷磨削的试验研究与机理分析[J]. 磨料磨具与磨削，1990，(6)：2-7.

[16] G.Warnecke，U.Zitt. Kinematic Simulation for Analyzing and Predicting High-Performance Grinding Processes[J]. Annals of CIRP，1998，47(1)：265-270.

[17] 臼井英治. 切削磨削加工学[M]. 北京：机械工业出版社，1982.

[18] 张幼祯. 金属切削理论[M]. 北京：航空工业出版社，1988.

[19] 田欣利，于爱兵. 工程陶瓷加工的理论与技术(精)[M]. 北京：国防工业出版社，2006.

[20] 尚广庆，孙春华. 硬脆材料磨削加工机理的理论分析[J]. 工具技术，2002，36(10)：19-21.

[21] Schibisch D. Fine Grinding with Superabrasives[J]. Ceramic Industry，1997，147(13):38.

[22] T.G.Bifano，T.A.DOW，R.O.Scattergood. Ductile-regime grinding：A new technology for machining brittle materials[J]. Journal of Engineering for Industry，Transactions of the ASME，1991，113(2)：184-189.

[23] Bernardino Chiaia. Fracture mechanisms induced in a brittle material by a hard cutting indenter[J]. International Journal of Solids and Structures，2001，38(44-45)：7747-7768.

[24] S.J.Noronha，J.Huang, N.M.Ghoniem. Multiscale modeling of the brittle to ductile transition[J]. Journal of Nuclear Materials，2004，329-333(part 2)：1180-1184.

[25] B.R.劳恩，T.R.威尔肖. 陈颢，尹祥础，译. 脆性固体断裂力学[M]. 北京：地震出版社，1985.

[26] 林滨. 工程陶瓷超精密磨削机理与实验研究[D]. 天津：天津大学，1999.

[27] 史兴宽，滕霖，李雅卿，等. 硬脆材料延性域磨削的临界条件[J]. 航空精密制造技术，1996，32(4)：10-13，16.

[28] P.N.Blake，R.O.Scattergood. Ductile-regime machining of ceramics and silicon[J]. Journal of the American Ceramic Society，1990，73(4)：949-957.

[29] 周忆，梁德沛. 超声研磨硬脆材料的去除模型研究[J]. 中国机械工程，2005，16(8)：664-666.

[30] 邓朝晖，张壁. 陶瓷磨削材料去除机理的研究进展[J]. 中国机械工程，2002，13(18)：1608-1611.

[31] Subramanian, K, Ramanath, S.Mechanisms of material removal in the precision grinding of ceramics[J]. Precision Engineering，1993，15(4)：299.

[32] K.Subramanian，S.Ramanath，Y.O.Matsuda. Precision Production grinding of Fine ceramics[J]. Industrial Diamond Review，1990，540(50)：254-162.

[33] D.W.Richerson. Modern Ceramic engineering: properties，process and use in design. Ed，Marced Dekker，Inc., Newrork，EUA，1992.

[34] Xu，H.H.K，S.Iahanmir, L.k.Ives. Material Removal and Damage Formation Mechanisms in Grinding Silicon Nitride. J. Mater. Res. , 1996, 11：1717-1724.

[35] H.H.K.Xu, Jahamir.S. Microstructure and Material Removal in Scratching of Alumina. J. Mater. Sci., 1995，30：2235-2247.

[36] 于思远，林滨. 国内外先进陶瓷材料加工技术的进展[J]. 金刚石与磨料磨具工程，2001，4(124)：36-39.

[37] Bi Zhang, T.D.Howes. Material-Removal mechanisms in Grinding Ceramics[J]. Annals of the CIRP，1994，43(1)：305-308.

[38] P.A.Mckeown，K.Carlisle，P.Shore，etal. Ultra-precision，High Stiffness CNC Grinding Machines for Ductile mode Grinding of Brittle Materials[J]. Precision Engineering，1991，13(3)：238.

[39] H.S.Qi, W.B.Rowe, B.Mills. Experimental investigation of contact behaviour in grinding[J]. Tribology International，1997，30(4)：283-294.

[40] Jeong-Du Kim，In-Hyu Choi. Micro surface phenomenon of ductile cutting in

the ultrasonic vibration cutting of optical plastics[J]. Journal of Materials Processing Technology，1997，68(1)：89-98.

[41] 万珍平，刘亚俊，汤勇. 玻璃的脆塑性域高效精密切削[J]. 机械科学与技术，2005，24(2)：217-220.

[42] 赵奕，周明，董申，等. 脆性材料塑性域超精密加工的研究[J]. 高技术通讯，1999，(4)：59-62.

[43] C.S.Liu，B.Zhao，G.F.Gao，et al. Research on the characteristics of the cutting force in the vibration cutting of a particle-reinforced metal matrix composites SiCp/Al[J]. Journal of Materials Processing Technology，2002，129(1-3)：196-199.

[44] Nobuhide Itoh, Hitoshi Ohmori. Grinding Characteristics of Hard and Brittle Materials by Fine Grain Lapping Wheels with ELID[J]. Journal of Materials Processing Technology，1996，62(4)：315-320.

[45] 周曙光，袁哲俊. ELID 镜面磨削技术—综述[J]. 制造技术与机床，2001，(2)：38-40.

[46] 周曙光，袁哲俊. ELID 镜面磨削技术—应用[J]. 制造技术与机床，2001，(6)：37-39.

[47] H.Dam，P.Quist, M.P.Schreiber. Productivity，surface quality and tolerances in ultrasonic machining of ceramics[J]. Journal of Materials Processing Technology，1995，51(1-4)：358-368.

[48] A.G.Evans，D.B.Marshall. Wear Mechanisms in Ceramics，Fundamentals of Friction and wear of Materials[J]. ASME，1981，439-453.

[49] Ming Zhou，X.J.Wang，B.K.A.Ngoi,et al. Brittle-ductile transition in the diamond cutting of glasses with the aid of ultrasonic vibration[J]. Journal of Materials Processing Technology，2002，121(2-3)：243-251.

[50] W.Qu，K.Wang，M.H.Miller，etal. Using vibration-assisted grinding to reduce subsurface damage[J]. Journal of the International Societies for Precision Engineering and Nanotechnology，2000，(24)：329-337.

[51] Takayki Shibata，Shigeru Fujii et al．Ductile-regime turning mechanics of single-crystal silicon[J]．Precision Engineering，1996，18(2-3)：129-137.

[52] Mingjun Chen，Qingliang Zhao，Shen Dong, et al．The critical conditions of brittle-ductile transition and the factors influencing the surface quality of brittle materials in ultra-precision grinding[J]．Journal of Material Processing Technology，2005，168(1)：75-82.

[53] 赵奕，董申，李兆光，等．脆性材料的脆塑性转变超精密车削模型[J]．微细加工技术，1998，(4)：70-75.

[54] 陈明君，王立松，梁迎春，等．脆性材料塑性域的超精密加工方法[J]．航空精密制造技术，2001，37(2)：10-12.

[55] Schoichi Shimada，Naoya Ikawa．Brittle-ductile transition phenomena in micro-indentation and micro-machining[J]．Annals of the CIRP，1995，44(1)：523-526.

[56] Reimund Neugebauer and Andrea Stoll. Ultrasonic application in drilling[J]. Journal of Materials Processing Technology，2004，149（1-3）：633-639.

[57] 杨继先，张永宏，杨素梅，等．陶瓷深孔精密高效加工的新方法——超声振动磨削[J]．兵工学报，1998，19(3)：287-288.

[58] Uhimann．Surface Formation in Feed Grinding of Advanced Ceramics with and Without Ultrasonic Assistance[J]．Annals of the CIRP，1998，470(1)：249-252.

[59] G.Ya，H.W.Qin，S.C.Yang, et al．Analysis of the rotary ultrasonic machining mechanism[J]. Journal of Materials Processing Technology，2002，129(1-3): 182-185.

[60] G.Spur，S.-E.Holl．Ultrasonic Assisted Grinding of Ceramics[J]．Journal of Materials Processing Technology，1996，62(4)：287-293.

[61] 隈部淳一郎．韩一昆，薛万夫，等译．精密加工振动切削（基础与应用）[M]．北京：机械工业出版社，1982.

[62] 林滨，林彬，于思远．陶瓷材料延性域去除临界条件新研究[J]．金刚石与磨料磨具工程，2002（1）：44-45.

[63] B.Zhao，Y.Wu，C.S.Liu，et al．The Study on Ductile Removal Mechanisms of

Ultrasonic Vibration Grinding Nano-ZrO$_2$ Ceramics[J]. Key Engineering Materials，2006，(304-305)：171-175.

[64] 潘志勇，王全才，赵波. 二维超声磨削纳米复相陶瓷的磨削特性研究(1)[J]. 金刚石与磨料磨具工程，2006，(4)：62-64，67.

[65] 吴雁，孙爱国，赵波，等. 超声振动磨削陶瓷材料高效去除机理研究[J]. 制造技术与机床，2006，(4)：59-62.

[66] 吴雁，朱训生，赵波. 工件横向施振超声振动磨削力特性试验研究[J]. 机械科学与技术（西安），2006，25(2)：146-148.

[67] 段铁林，冯大圣，赵波，等. 纳米 ZrO$_2$ 增韧 Al$_2$O$_3$ 复合陶瓷的超声磨削性能[J]. 河南科技大学学报(自然科学版)，2006，27(4)：12-14.

[68] 卞平艳，张明，赵波，等. 工程陶瓷超声磨削温度的实验研究. 机械工程师，2006，(9)：53-54.

[69] D.H.Xiang，Y.P.Ma，B.Zhao, et al. Study on Critical Ductile Grinding Depth of Nano ZrO$_2$ Ceramics by the Aid of Ultrasonic Vibration[J]. Key Engineering Materials，2006，(304-305)：232-235.

[70] B.Varghess, S.Malkin. Experimental Investigation of Methods to Enhance Stock Removal for Super finishing[J]. Annals of the CIRP，1998，47(1)：231-234.

[71] 李健中. 精密陶瓷的超声波振动磨削加工机理研究[D]. 天津：河北工学院硕士学位论文，1992.

[72] 曲云霞. 振动磨削机理研究[D]. 天津：河北工学院，1994.

[73] 郭兰申. 超声波振动磨削工件表面粗糙度研究[D]. 天津：河北工学院，1993.

[74] 辛志杰，刘钢. 超声波振动内圆磨削：M114W 磨床实现超声磨削的探讨[J]. 华北工学院学报，1996，17(2)：185-188.

[75] 刘殿通，于思远. 工程陶瓷小孔的超声磨削加工[J]. 电加工与模具，2000，(5)：22-25.

[76] 于思远，赵艳红. 超声磨削加工工程陶瓷小孔的实验研究[J]. 电加工与模具，2001，(4)：31-34.

[77] 赵波. 硬脆材料超声珩磨系统及延性切削特征研究[D]. 上海：上海交通大

学，1999.

[78] 闫艳燕. 二维超声磨削纳米陶瓷表面微观不平度分析[J]. 上海交通大学学报，2009，43（4）：683-687.

[79] 宫小北. 超声振动对砂轮磨削性能影响试验研究[D]. 南京：南京航空航天大学，2013.

[80] 薛克祥. 高温合金超声磨削机理研究[D]. 沈阳：东北大学，2011.

[81] 肖永军. 旋转超声磨削装置研制及实验研究[D]. 南昌：南昌航空大学，2007.

[82] 王立江，赵继，谭庆昌. 超声波振动车削的运动学及其加工表面质量[J]. 兵工学报，1987，(3)：24-31.

[83] 刘镇昌. 平面磨削几何接触长度的新公式[J]. 华中工学院学报，1983，11(4)：109-112.

[84] S．马尔金. 蔡光起，巩亚东，等译. 磨削技术理论与应用[M]. 沈阳：东北大学出版社，2002.

[85] 何涛，陈锡侯. 指数形超声变幅杆放大理论分析[J]. 重庆理工大学学报（自然科学版），2017，31(6)：90-94，139.

[86] 高春强，杨波，祝锡晶. 功率超声振动加工中超声振动波发生器频率自动跟踪[J]. 中北大学学报，2007,28（增刊）：38-40.

[87] 林书玉. 超声振动换能器的原理与设计[M]. 北京：科学出版社，2004.

[88] 赵莉. 基于有限元的超声波加工中变幅杆的动力学分析与设计[D]. 太原：太原理工大学，2006.

[89] 初涛. 超声变幅杆的设计及有限元分析[J]. 机电工程，2009，1(01)：102-104.

[90] 林仲茂. 超声变幅杆的原理和设计[M]. 北京：科学出版社，1987.

[91] 黄霞春. 超声变幅杆的参数计算及有限元分析[D]. 长沙：湘潭大学，2007.

[92] 廖华丽，刘任先. 功率超声变幅杆振动能量传输性能的研究[J]. 机械设计与制造，1999，21(5)：71-72.

[93] M.Nad'a. Ultrasonic horn design for ultrasonic machining technologies[J]. Applied and Computational Mechanics, 2010, (4): 79-88.

[94] 刘春节. 超声变幅杆的动态性能分析[J]. 现代制造工程，2005，(12)：107.

[95] 林仲茂. 超声变幅杆的原理和设计[M]. 北京：科学出版社，1987.

[96] S.G.Amin, M.H.M.Ahmed, H.A.Youssef. Computer-aided design of acoustic Horns for ultrasonic machining using finite-element analysis[J]. Journal of Materials processing Technology, 1995, (55): 254-260.

[97] 张云电. 超声加工及其应用[M]. 北京: 国防工业出版社，1995.

[98] 张志涌. 精通 MATLAB6.5 版. 北京：北京航空航天大学出版社，2003.

[99] Y.B.Wu, M.Nomura，Z.J.Feng, et al. Modeling of Grinding Force in Constant-depth-of-cut Ultrasonically Assisted Grinding[J]. Materials Science Forum，2004(471-472)：101-106.

[100] 田大庆. 振动磨削加工工程陶瓷 MnZn 铁氧体表面微细沟槽成屑机理的试验研究[J]. 磨床与磨削，1997，(4)：43-46，78.

[101] 郑善良. 磨削基础[M]. 上海：上海科学技术出版社，1988.

[102] 贺永，董海，马勇，等. 工程陶瓷磨削力的研究现状与进展[J]. 金刚石与磨料磨具工程，2002，127(1)：40-44.

[103] 冯宝富. 超高速磨削的单颗磨粒磨削的研究[D]. 沈阳：东北大学，2000.

[104] 蓝善超. 基于单颗磨粒磨削的电镀 CBN 砂轮磨削窄深槽的特性分析[D]. 太原：太原理工大学，2012.

[105] Tahsin Tecelli Öpöz, Xun Chen. Experimental investigation of material removal mechanism in single grit grinding[J]. International Journal of Machine Tools & Manufacture, 2012,(63):32-40..

[106] Matsuo T, Toyoura S, Oshima E, et al. Effect of grain shape on cutting force in super abrasive single-grit tests[J]. Annals of the CIRP, 1989, 38(1):323-326.

[107] Y. Ohbuchi, T. Matsuo. Force and Chip Formation in Single-Grit Orthogonal Cutting with Shaped CBN and Diamond Grains[J]. Annals of the CIRP, 1991, 40(1):327-330.

[108] M. Barge, J. Rech. Experimental Study of Abrasive Process[J]. Wear, 2008, (264):382-388.

[109] E. Brinksmeier, A. Giwerzew. Chip Formation Mechanisms in Grinding at Low

Speeds[J]. Annals of the CIRP, 2003, 52(1):253-258.

[110] Zhang Bi, H. Tokura, M. Yoshikawa. Study on Surface Cracking of Alumina Scratched by Single-Point Diamonds[J]. Journal of Materials Science, 1988, (23):3214-3224.

[111] 黄奇, 任敬心, 华安定. 单颗磨粒磨削钛合金的实验研究[J]. 航空工艺技术, 1988, (6): 1-4.

[112] 林思煌, 黄辉, 徐西鹏. 单颗金刚石划擦玻璃的实验研究[J]. 金刚石与磨粒磨具工程, 2008, (5): 21-24..

[113] BF Feng, GQ Cai, XL Sun. Groove, Chip and Force Formation in Single Grain High-Speed Grinding[J]. Key Engineering Materials, 2006, (304-305): 196-200.

[114] 冯宝富, 赵恒华, 蔡光起. 单颗磨粒高速磨削 45 钢和 20Cr 钢的研究[J]. 现代制造工程, 2003 (11): 7-10.

[115] 韦秋宁. 单颗磨粒磨削硅片的实验研究[D]. 大连: 大连理工大学, 2006.

[116] 齐蔚华, 李蓓智. 基于单颗磨粒玻璃磨削机理的仿真研究[J]. 工具技术, 2009, 43 (9): 17-19.

[117] 言兰. 基于单颗磨粒切削的淬硬模具钢磨削机理研究[D]. 长沙: 湖南大学, 2010.

[118] G.Werner. Influence of Work Material on Grinding Forces[J]. Annals of the CIRP, 1978, 27(1):20-24.

[119] S.Malkin, N.H.Cook. Trans ASME Series B, 1971, 93(4): 39-43.

[120] 李力钧, 付杰才. 磨削力的数学模型的研究[J]. 机械工程学报, 1981, 17 (4): 31-41.

[121] L.C.Li, J.Z.Fu. A study of grinding force mathematical model[J]. Annals of the CIRP, 1980, 29(1): 245-249.

[122] Kun Li, T.Warren Liao. Modeling of ceramic grinding processes-Part I: Number of cutting points and grinding forces per grit[J]. Journal of Materials Processing Technology, 1997, (65): 1-10.

[123] T.Tanaka, Y.Hamuro. Experimental verification of the theory of tangential

grinding force and the rates of grinding actions-grinding actions of the pored type diamond wheel with vitrified bond(part2)[J]. J. Jpn. Soc. Precis. Eng.，1995，61(7)：981-985.

[124] B.F.Feng，G.Q.Cai，X.L.Sun. Groove，Chip and Force Formation in Single Grain High-Speed Grinding[J]. Key Engineering Materials，2006，(304-305)：196-200.

[125] 唐进元，周伟华，黄于林. 轴向超声振动辅助磨削的磨削力建模[J]. 机械工程学报. 2016，52（15）：184-191.

[126] E.Brinksmeier，C.Heinzel，M.Wittman. Friction，cooling and lubrication in grinding[J]. Annals of the CIRP，1999，48(2)：581-598.

[127] G.Q.Cai，B.F.Feng，T.Jin, et al. Study on the friction coefficient in grinding[J]. Journal of Materials Processing Technology，2002，(129)：25-29.

[128] V.I.Pilinskii. Grinding forces and friction coefficient[J]. Sov. J. Friction Wear，1984，(5)：55-61.

[129] 任升峰. 烧结 Nd-Fe-B 永磁材料加工新技术及机理研究[D]. 济南：山东大学，2006.

[130] 姜桂荣，译，张坚，校. 脆性材料切削机理的研究[J]. 国外金属加工. 1996，(4)：51-54.

[131] 何伟，郑恒祥. 脆性材料复合裂纹断裂判断依据[J]. 郑州大学学报(理学版)，2003，35(2)：92-94.

[132] 任敬心，康仁科，吴小玲，等. 钛合金的磨削裂纹及抑制措施. 湖南大学学报(自然科学版)，1999，26(2)：5-10，20.

[133] 万玲，许江，尹光志，等. 压应力作用下预制裂纹脆性材料的断裂特性. 重庆大学学报，1994，17(6)：78-82.

[134] 于爱兵. 工程陶瓷材料磨削理论与实验研究[D]. 天津：天津大学，1996.

[135] 于怡青，徐西鹏，沈剑云，等. 陶瓷磨削机理及磨削加工技术研究进展[J]. 湖南大学学报(自然科学版)，1999，26(2)：48-56.

[136] Bi Zhang，X.L.Zheng，H.Tokura, et al. Grinding induced damage in ceramics[J]. Journal of Materials Processing Technology，2003，132(1-3)：353-364.

[137] G.Q.Dong，G.C.Wang，H.J.Pei, et al. The Formation and Control of Surface Cracks in the Cemented Carbide Materials in the Process of Grinding[J]. Key Engineering Materials，2006，(304-305)：290-294.

[138] Narnba Y，Abe M. Ultra-precision Grinding of Optical Glasses to Produce Super-smooth Surface[J]. Annals of the CIRP，1993，42(1)：417-420.

[139] W.J.Wills-Moren，K.Carlisle，P.A.Mckeown，et al. Ductile regime grinding of glass and other brittle materials by the use of ultra-stiff machine tools[J]. Precision Engineering，1991，13(4):300.

[140] 王军，庞楠. 工程陶瓷超声波磨削加工技术[J]. 金刚石与磨料磨具工程，2000，(3)：32-34.

[141] 张勤河，张建华，贾志新，等. 超声振动钻削加工陶瓷的研究——Ⅰ基本原理分析[J]. 新技术新工艺，1997（1）：18-19.

[142] Z.J.Pei. Plastic flow in rotary ultrasonic machining of ceramics[J]. Journal of Materials Processing Technology，1995，48(1-4)：771-777.

[143] Zhao Bo，Liu Chuanshao，Gao Guofu, et al. Surface characteristics in the ultrasonic ductile honing of ZrO_2 ceramics using coarse grits[J]. Journal of Material Processing Technology，2002，123(1)：54-60.

[144] Günter Spur，Sven-Erik Holl. Material Removal Mechanisms during Ultrasonics Assisted Grinding[J]. Production Engineering，1997，4(2)：9-14.

[145] 黄荣杰，吴希让. 磨削表面粗糙度的建模和预断[J]. 精密制造与自动化，2003，(3)：33-37.

[146] 李向东. 磨削参数对陶瓷加工表面粗糙度影响的实验研究[J]. 机械工程与自动化，2005，(3)：90-92.

[147] 孟剑峰，李剑峰，葛培琪. 脆性材料磨削模式与表面粗糙度[J]. 工具技术，2004，38(11)：40-42.

[148] 栗勇，王西彬. 砂轮新模型对平面磨削表面粗糙度产生机理[J]. 新技术新工艺，2006，(6)：29-32.